李烨／著

网页设计
案例教程

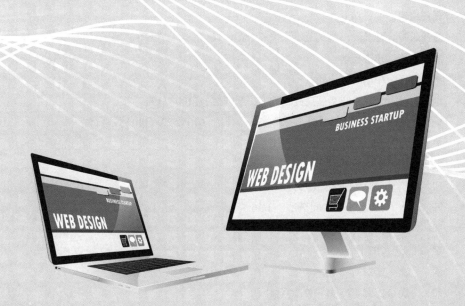

中国书籍出版社

China Book Press

图书在版编目（CIP）数据

网页设计案例教程 / 李烨著. -- 北京：中国书籍
出版社, 2022.5
ISBN 978-7-5068-8995-7

Ⅰ.①网… Ⅱ.①李… Ⅲ.①网页制作工具—高等学
校—教材 Ⅳ.①TP393.092.2

中国版本图书馆CIP数据核字(2022)第060453号

网页设计案例教程

李 烨 著

责任编辑	邹 浩	
责任印制	孙马飞 马 芝	
封面设计	东方美迪	
出版发行	中国书籍出版社	
地 址	北京市丰台区三路居路 97 号（邮编：100073）	
电 话	（010）52257143（总编室）	（010）52257140（发行部）
电子邮箱	eo@chinabp.com.cn	
经 销	全国新华书店	
印 厂	北京睿和名扬印刷有限公司	
开 本	710毫米×1000毫米　1/16	
印 张	21.25	
字 数	292千字	
版 次	2022 年 5 月第 1 版	
印 次	2023 年 5 月第 2 次印刷	
书 号	ISBN 978-7-5068-8995-7	
定 价	58.00 元	

目 录

第一章　网页基础知识

网页是沟通人们与外部世界的重要平台，它缩短了人与人之间的距离，强化了社会与人们之间的沟通交流。在学习网页设计之前，我们需要了解一些与网页相关的基础知识，这有助于我们理解后续章节内容。本章将对网页的基础知识、编写语言等进行详细讲解。

1.1 Web 简介

Internet 即国际计算机互联网，又称因特网，起源于 20 世纪 60 年代，是基于 TCP/IP 等网络协议的网络组成的互联网。它是目前世界上最大的网络，连接着所有上网的计算机。Internet 是传播信息的载体，用户通过网络可以连接到互联网上的任意一台计算机，进行信息的交流，如通讯、社交、网上贸易等。

1.1.1 WWW 和浏览器

WWW（World Wide Web）又称 3W 或 Web，中文译名为"万维网"。它是 Internet 的重要组成部分，集文本、声音、图像、视频等多媒体信息于一身，采用超文本（Hypertext）方式进行工作。

浏览器是一个客户端的浏览 WWW 的应用程序，用户通向 WWW 的桥梁和获取 WWW 信息的窗口，其主要作用是显示网页和解释脚本，使用户获取 Internet 上的各种资源程序。

世界上第一个浏览器 World Wide Web（后改为 Nexus）由 Tim Berners-Lee 创建于欧洲核子物理实验室，同时他还写了第一个网页服务器 httpd。

世界上第一条 http://info. cern. ch/ 于 1991 年 8 月 6 日上网。1993 年，伊利诺伊大学厄巴纳 – 香槟分校的 NCSA 组织发表 NCSA Mosaic，简称 Mosaic。它是互联网历史上第一个获得普遍使用和能够显示图片的网页浏览器，于 1997 年 1 月 7 日正式终止开发和支持。

表 1-1　主流浏览器的发展历史

发表时间	名称	发表人 / 组织	地点	现状
1991 年	www（nexus）	Tim Berners-Lee	瑞士 CERN	消失
1993 年	Mosaic	伊利诺大学的 NCSA 组织	美国	被收购
1994 年	Netscape	Marc Andreessen	美国	消失
1996 年	IE	微软	美国	转战 Microsoft Edge
1996 年	Opera	Telenor 公司	挪威	现存
2003 年	Safari	苹果公司	美国	现存
2004 年	Firefox	Mozilla 组织	美国	现存
2008 年	Chrome	谷歌公司	美国	现存

目前可以下载安装的浏览器种类很多，常用的有 Microsoft Edge（2015 年以前为 Internet Explorer）、Chrome、Firefox、Opera、Safari、360 安全浏览器、搜狗浏览器等（图 1-1）。网页在不同的浏览器中显示的效果不同，因此在网页设计制作过程中，最好把网页在不同的浏览器中浏览一下，以防因为一些不兼容的问题导致在某些浏览器中出现较差的网页效果。

图 1-1　常用浏览器

1.1.2 网页与网站

网页是 WWW 最基本的信息单位，通过网页的相互连接可以把文字、声音、图像、视频等多媒体信息有机地整合在一起，形成网站。网站是在 Internet 上发布信息的站点，人们通过浏览器浏览网站资源，以获取资讯或进行信息沟通等。

网站是建立在互联网上的 Web 站点，为用户提供互联网内容服务，由一系列具有相同或相似属性的网页组成。如果说网站是一本书，那么网页是书中的每一页，网站中的每一个网页都是网站必不可少的一部分，它们是一个有序结合、互相关联的整体。网站中各个网页通过超链接的形式连接起来，利用网站首页的导航栏、关键词搜索、返回首页按钮等，可以实现各个页面间的跳转。

1.1.3 网站访问方式

网站主要是通过在浏览器地址栏中输入统一资源定位符进行访问。统一资源定位符（Uniform Resource Locator，缩写为 URL），又叫 Web 地址，俗称"网址"，是互联网上标准的资源地址。Intetnet 上的每个网页都有一个唯一的名称标识，通常称之为 URL 地址。URL 地址包含通信协议和网页文件地址两部分。基本结构为: 通信协议: //服务器名称[: 通信端口编号]/一级文件夹 [/ 二级文件夹…]/ 文件名。例如 http：// 39.156.69.79/index.html 是百度首页的网址。

1. 通信协议

通信协议是指 URL 所链接的网络服务性质，它告诉浏览器如何处理将要打开的文件。最常用的通信协议有 HTTP（Hypertext Transfer Protocol，超文本传输协议）、FTP（File Transfer Protocol，文件传输协议）等。HTTP 是互联网上应用最为广泛的一种网络传输协议，所有的 WWW 文件都必须遵守这个标准，用于从 WWW 服务器传输超文本到本地浏览器上。

2. 网页文件地址

网页文件地址为 IP 地址或服务器的名称及到达网页文件的路径。服务器名称是提供服务的主机名称。通信端口编号可有可无，主要用来告诉 HTTP 服务器的 TCP/IP 该打开哪个通信端口。在上面的例子中 39.156.69.79 便是百度首页的 IP 地址。路径是指向存放网页文件的地址，如有多级文件目录，则必须用 / 将文件夹按级别依次隔开。网页文件必须用 .html 或 .htm 作为扩展名，网页地址的文件名必须是包含文件名和扩展名在内的完整名称。如 index.html 便是完整的文件名称。

网页文件地址有两种形式，一种是 IP 地址访问，另一种是域名访问。

IP（Internet Protocol，网络之间互连的协议）是计算机网络相互连接进行通信而设计的协议。在 Internet 中，它规定了计算机进行通信时应当遵守的规则。任何厂家生产的计算机系统，只要遵守 IP 协议就可以与 Internet 互连互通。IP 地址是 Internet 上遵守 IP 协议的每台计算机的唯一网络地址，它像门牌号一样，保证了计算机间的相互通信。例如，百度的 IP 地址为 39.156.69.79，我们在浏览器地址栏中输入该 IP 地址也能直接进入百度首页。

在 Internet 上，每一个域名与 IP 地址之间是一一对应的。域名是用于识别与定位 Internet 上计算机的层级结构的字符标识，它方便了人们的记忆。Internet 上的计算机域名从右至左由三部分组成：最高层的域（如国家或组织类型）、可选的子域名（如大学或企业名称）和主机名（如主机计算机的名称）。例如，百度文库的域名为 wenku.baidu.com，我们在浏览器地址栏中输入该域名就能进入百度文库页面。

1.1.4 超文本

超文本技术是一种信息组织的方式，它通过超级链接方法将文本中的文字、图表与其他信息媒体相关联。这些相互关联的信息媒体可能在同一文本中，也可能是其他文件，或是地理位置相距遥远的某台计算机上的文件。超文本技术将分布在不同位置的信息资源用超链接的方式进行连接，为人们查找、检索信息提供了极大的便利。

1.1.5 HTTP

HTTP（HyperText Transfer Protocol，超文本传输协议）是用于从WWW服务器传输超文本到本地浏览器的协议，所有的WWW文件都必须遵守这个协议。当用户在浏览器的地址栏中输入www.baidu.com时，浏览器的地址栏最终显示的是http：// www.baidu.com。

HTTP协议工作于客户端－服务端架构上，采用请求／响应模型。浏览器作为HTTP客户端通过URL向HTTP服务端即WEB服务器发送请求，服务器响应请求，浏览器解析服务器返回的信息，展示网页内容给用户（图1-2）。

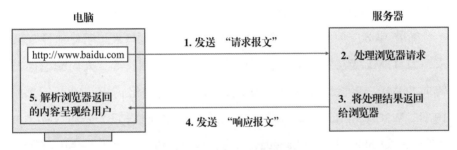

图 1-2 请求／响应模型

1.2 网页设计语言

根据用户是否与服务器进行数据交互，网页可以分为静态网页和动态网页。静态网页仅仅用于用户浏览，用户无法与服务器进行交互，而动态网页是在静态网页的基础上增加了与服务器交互的功能。比如我们登录12306网站购买车票时，需要输入账号、密码和验证码，服务器就会对所有的信息进行验证，成功后才可以后续购买车票等行为。

静态网页设计制作最核心的技术是HTML、CSS和JavaScript，也是本书讲解的重点内容。

1.2.1 HTML

HTML（Hyper Text Markup Language，超级文本标记语言）是网页的标准语言，它并不是一门编程语言，而是一门描述性的标记语言，它包括一系列标签，浏览器会"翻译"由这些标签提供的网页结构、外观和内容信息，从而实现网络文档格式统一，并将分散的 Internet 资源连接为一个逻辑整体。

HTML 语言最早源于标准通用标记语言（Standard Generalized Markup Language，SGML），由 Web 的发明者 Tim Berners-Lee 和其同事 Daniel W. Connolly 于 1990 年创立。HTML 自创建以来，就一直被用作 WWW 的信息表示语言，得到了各个 Web 浏览器厂商的支持。为了规范和促进 HTML 的发展，多家软件公司和国际组织合力打造了 HTML 标准。

随着 Web 应用的不断发展，HTML 的局限性也越来越明显地显现出来，如 HTML 无法描述数据、可读性差、搜索时间长等。人们又把目光转向 SGML，再次改造 SGML 使之适应现有的网络需求。1998 年 2 月 10 日，W3C（World Wide Web Consortium，万维网联盟）公布 XML 1.0（The eXtensible Markup Language，可扩展标记语言）标准。XML 来源于 SGML，但它是一种能定义其他语言的语言。XML 最初设计目的是为了弥补 HTML 的不足，用于电子数据的交换，以满足网络信息发布的需要，后来逐渐被用于描述和交换数据。

2000 年，W3C 组织发布了 XHTML1.0（The eXtensible HyperText Markup Language，可扩展超级文本标记语言）版本，XHTML1.0 是在 HTML 4.01 的基础上，基于 XML 的规则进行扩展、优化和改进的一门新语言。XHTML 实际上是一种增强了的 HTML，是更严谨更纯净的 HTML 版本，它的可扩展性和灵活性能够适应未来网络应用更多的需求。不过 XHTML 并没有成功，大多数浏览器厂商认为 XHTML 标准太过严苛，无法兼容以前的 HTML 版本，因此 HTML5 在众多浏览器厂商的支持下产生了。

HTML5 的前身是 Web Application 1.0，由 Opera、Mozilla 基金会和 Apple 等浏览器厂商组成的 WHATWG 在 2004 年提出，于 2007 年被W3C 接纳。W3C 组建了新的 HTML 工作团队，于 2009 年公布了第一份HTML5 正式草案。2012 年 12 月 17 日，W3C 宣布 HTML5 规范正式定稿，确定了 HTML5 在 Web 网络平台奠基石的地位。HTML5 是公认的下一代WWW 语言，将 Web 带入一个成熟的应用平台，在这个平台上，对视频、音频、图像、动画以及与设备的交互都进行了规范。

1.2.2 CSS

CSS（Cascading Style Sheets，层叠样式表）是用来控制网页外观的一门语言。W3C 创建 CSS 的目的是分离HTML 中的结构与外观语言，使 HTML主要负责网页的结构，而 CSS 主要负责网页的外观。CSS 是目前最好用的网页表现语言，它扩展了 HTML 的功能，使网页设计者能够以更有效的方式设置网页样式。纯的 CSS 布局与 HTML 结构相结合帮助网页设计人员更好的设计和维护网站，大大减少了网页维护人员的工作量。例如实现图 1-3 的样式，如果单纯使用 HTML 代码需要的代码量（图1-4）要远远高于 CSS 与 HTML 结合的方式（图 1-5），并且在修改代码时如修改每段的字体颜色和字号，单纯使用 HTML 要修改的代码量更多。

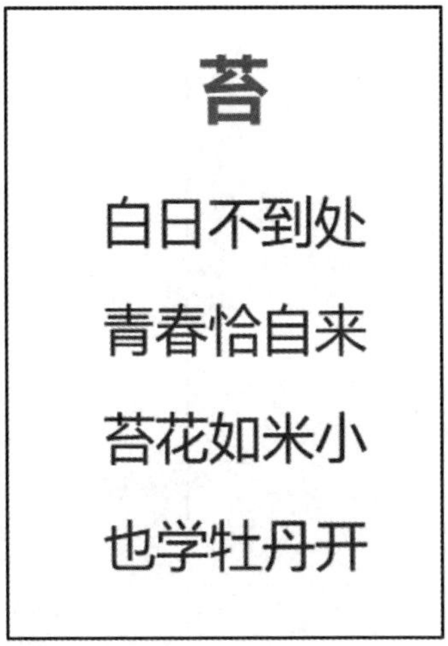

图 1-3　网页效果

```
<!doctype html>
<html>

        <head>
                <meta charset="utf-8">
                <title> </title>
        </head>
        <body>
                <h1 align="center">
                    <font face="微软雅黑" color="red">苔</font>
                </h1>
                <p align="center">
                    <font face="微软雅黑" color="blue" size="5">白日不到处</font>
                </p>
                <p align="center">
                    <font face="微软雅黑" color="blue" size="5">青春恰自来</font>
                </p>
                <p align="center">
                    <font face="微软雅黑" color="blue" size="5">苔花如米小</font>
                </p>
                <p align="center">
                    <font face="微软雅黑" color="blue" size="5">也学牡丹开</font>
                </p>
        </body>
</html>
```

图 1-4 单纯使用 HTML 代码实现网页效果

```
<!DOCTYPE html>
<html>
        <head>
                <meta charset="utf-8">
                <title></title>
                <style type="text/css">
                        *{
                            font-family:"微软雅黑";
                            text-align:center;
                        }
                    h1{
                            color:red;
                        }
                    p{
                            color:blue;
                            font-size:20px;
                        }
                </style>
        </head>
        <body>
                <h1>苔</h1>
                <p>白日不到处</p>
                <p>青春恰自来</p>
                <p>苔花如米小</p>
                <p>也学牡丹开</p>
        </body>
</html>
```

图 1-5 使用 HTML+CSS 代码实现网页效果

1996 年 12 月，W3C 推出了 CSS 1.0 规范，得到了众多浏览器厂商的大力支持。1998 年 W3C 发布了 CSS 2.0/2.1 版本，这是至今仍在流行并且主流浏览器都采用的标准。随着计算机和 Web 的不断发展，浏览者对网页的视觉效果、用户体验、网页响应时间等提出了更高的要求。2001 年 5 月，W3C 着手开发 CSS3 规范，它被分为许多独立的板块。CSS3 不仅对已有功能进行了扩展和延伸，还对 Web UI（User Interface，用户界面）设计理念和方法进行了革新，大大简化了网页设计编程模型。虽然完整的 CSS3 规范至今还未出台，但目前主流浏览器已经开始支持 CSS3 的绝大部分特性。

1.2.3 JavaScript

JavaScript（简称"JS"）是一种嵌入到 HTML 页面中的脚本语言，由浏览器边解释边执行，因此 JS 是一门解释型编程语言。在 Web 标准中，JS 主要负责制作网页的特效，实现网页的交互行为。虽然 JS 是作为开发网页的脚本语言而出名，但是它也被用到了很多非浏览器环境中。

JS 是由 Netscape 公司开发的客户端脚本语言，最初被命名为 LiveScript。Netscape 公司与 Sun 公司合作后将其改名为 JavaScript。JS 的标准是 ECMAScript，目前推荐遵循的标准是 ECMAScript 262。

1.2.4 HTML、CSS 和 JavaScript 三者间的关系

网页设计开发中，HTML 负责网页的结构，CSS 负责网页的外观，而 JS 负责网页的行为。具体来说 HTML 利用标签定义了标题、段落、列表、表格等网页的框架结构，CSS 负责对这些网页内容进行装饰，JS 负责对内容的交互和操作效果。例如，图 1-6 显示的是只有 HTML 代码时显示的默认的外观效果，HTML 只定义了结构，标记了标题和列表结构；图 1-7 是在 HTML 的基础上加入 CSS 代码，进行了文字格式、字体颜色、段落间距、页面布局等的设置，实现了页面的装饰效果；图 1-8 进一步加入了 JS 代码，当鼠标移到第一句古诗词时，网页显示该诗词的全文，当鼠标移开后，该

诗词全文消失，实现了一个交互行为。

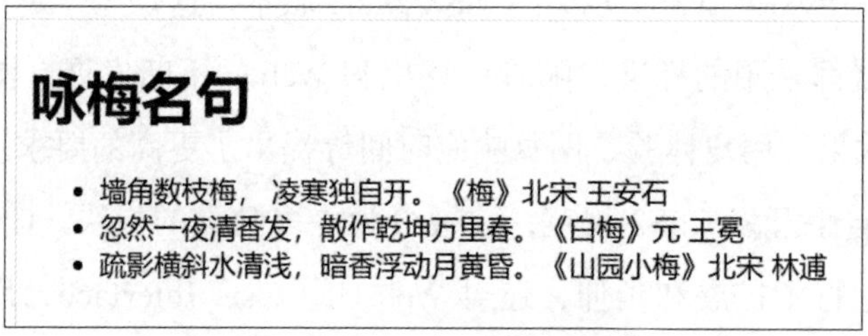

咏梅名句

- 墙角数枝梅，凌寒独自开。《梅》北宋 王安石
- 忽然一夜清香发，散作乾坤万里春。《白梅》元 王冕
- 疏影横斜水清浅，暗香浮动月黄昏。《山园小梅》北宋 林逋

图 1-6　只有 HTML 时的默认外观

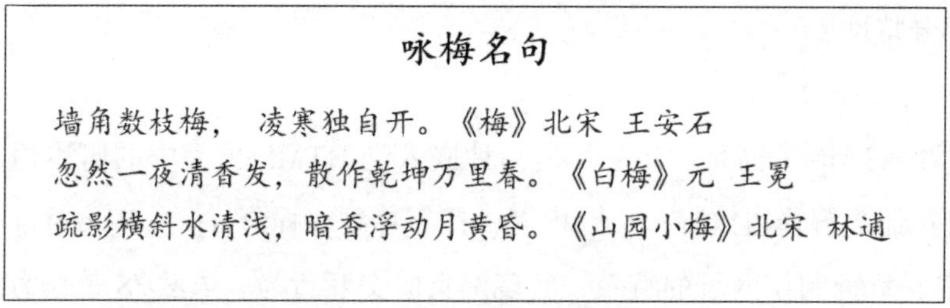

咏梅名句

墙角数枝梅，凌寒独自开。《梅》北宋 王安石

忽然一夜清香发，散作乾坤万里春。《白梅》元 王冕

疏影横斜水清浅，暗香浮动月黄昏。《山园小梅》北宋 林逋

图 1-7　加入 CSS 后装饰的外观

咏梅名句

墙角数枝梅，凌寒独自开。《梅》北宋 王安石

忽然一夜清香发，散作乾坤万里春。《白梅》元 王

疏影横斜水清浅，暗香浮动月黄昏。《山园小梅》

《梅》

北宋 王安石
墙角数枝梅，凌寒独自开。
遥知不是雪，为有暗香来。

图 1-8　加入 JS 后实现的交互效果

1.3 网页编辑工具

制作网页首先要选择一种网页编辑工具。随着互联网的普及，产生了众多的网页编辑工具。网页编辑工具各有千秋，下面主要介绍常见的几种

编辑工具。

1.3.1 Dreamweaver

Dreamweaver 是 Adobe 公司推出的一款所见即所得的网页编辑器。它包括可视化编辑、HTML 代码编辑软件包，并支持 ActiveX、JS、Java、Flash 等特性，支持动态 HTML 设计，能够快速地创建具有一定表现力和动感效果的网页。

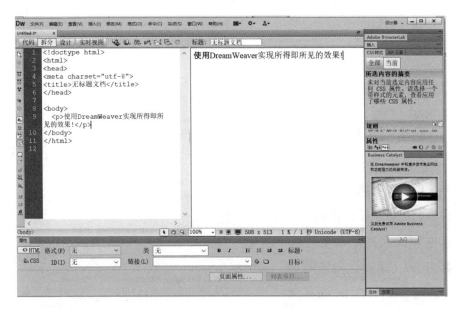

图 1-9 Dreamweaver 界面操作

1.3.2 Hbuilder

Hbuilder 是 DCloud（数字天堂）推出的一款支持 HTML5 的网页编辑工具，易上手，也是初学者的首选。Hbulider 支持自动语法检查，通过完整的语法提示和代码输入法、代码块等，大幅提升 HTML、CSS 和 JS 的开发效率（图 1-10）。

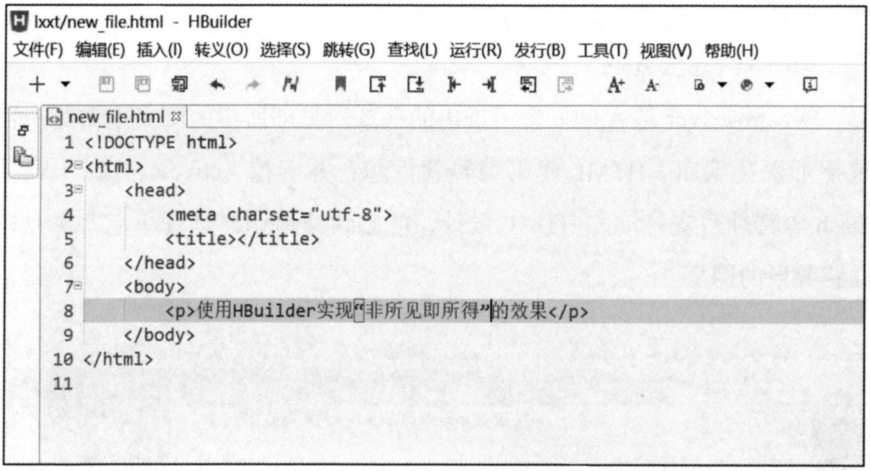

图 1-10　Hbuilder 界面操作

1.3.3 记事本

HTML 文档属于纯文本文档，可以使用 Windows 自带的记事本进行编辑。记事本存储文件默认的扩展名为 .txt，因此在编辑网页文档时应将另存为 .html 或 .htm 的扩展名（图 1-11）。

图 1-11　记事本界面操作

第二章 网站规划设计

　　网站的规划设计是在网站建设前对网站的目的、功能、用户群等进行市场调研,根据需要规划网站内容、确定网站整体风格,设计网站呈现样式,对网站进行全局性、整体性的规划。网站规划设计非常重要,它是网站建设的基础和指导纲要,一个好的网站规划设计是决定网站建设成功与建设过程顺利实施的关键环节。

2.1 网站初步规划

　　当我们准备建设一个网站时,首先要确定网站的建设目的是什么,准备实现哪些功能,网站所面向的用户群体是哪些。

2.1.1 确定网站主题

　　建立网站的目的主要有宣传、娱乐、销售、服务等,网站建设主要是为了实现哪个目的?是否需要与用户实现交互?是否需要购物车和接受电子支付?如图 2-1 所示,京东网站的主题是销售,而华为网站的主题是宣传,不同主题的网站呈现方式和网站结构都是不同的。确定了网站的主题,才可以进一步确定网站的

图 2-1　不同建设目的的网站首页

内容类型，以及所采用的技术路线。

2.1.2 确定目标用户

不同年龄、爱好、教育背景等的用户，对网站的要求是不同的，网站是面向部分人群还是全部人群？这些人群具有哪些特点都是需要在规划网站时着重考虑的。例如儿童访问的网站可以多增加一些图片、动画，少一些文字性介绍，交互多一些，网站页面间的拓扑结构简单些；而对于定位专业人士使用的网站，则要结合行业特点，进行行业的细化分类导航，页面间的拓扑结构相对复杂，文字介绍也要相对多一些。

2.1.3 确定网站内容类型

网站的主题决定内容，而内容也体现着网站的主题。根据网站的主题，规划网站的内容类型。网站内容不是越全越好，要根据网站主题，有所取舍。例如大学网站的建设目的是为了宣传和提供信息服务等，因此其内容类型主要包括学校概况、院系介绍、人才培养、科学研究、学校新闻等，不能为了吸引用户提供娱乐新闻或其他学校的相关信息等。

2.1.4 确定网站风格

网站风格是指网站页面的版面布局、色彩搭配、字体、页面内容、交互性、图像等元素组合在一起的整体形象，展现给人的直观感受。网站风格要根据网页的主题和内容类型来决定，也要与网站主体的形象相一致，如主体的整体色调、行业性质、文化、提供的产品或服务等。风格的确定要注重整体性和一致性，在色彩搭配、视觉元素和网站排版等方面都要注意网站的各个网页间以及网页内的一致性。

2.1.5 设计网站的目录结构

通过设计网站的目录结构可以清晰地展示出网站分为几个栏目，每个栏目下设有几个子栏目，一般来说，网站目录结构不易太深，以 2-3 级结构为宜。以故宫博物院网站为例，分为导览、展览、教育、探索、学术、文创、关于七个栏目，导览栏目下设开放时间、票务服务、交通路线、游览须知、全景故宫子栏目，文创栏目下设故宫出版、文创产品、故宫壁纸、故宫 APP 和故宫游戏子栏目等。

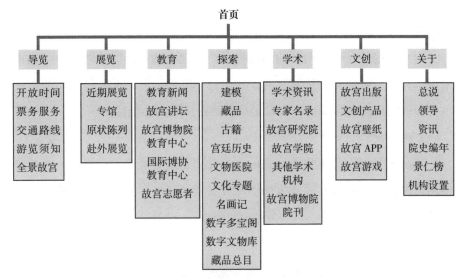

图 2-2　故宫博物院的网站目录结构

2.1.6 网页的基本组成

在开始设计网页前，首先认识一下网页的基本组成元素。通常，网页包括网址、网页标题、Banner、网站 Logo、导航栏、广告动画、图片、文本、音频、视频、超链接、表单等内容，如图 2-3 所示。

图 2-3　网页的基本组成

1. 网址

网址是浏览器地址栏中显示的网页的地址，也就是前一章所讲述的 URL。

2. 网页标题

网页标题是对一个网页的高度概括，出现在浏览器的标题栏中。通常来说，网站首页的标题是网站的正式名称，其他页面的标题是网页的正式名称加该网页的内容概括，或者是只有该网页的内容概括。

3. Banner

Banner 是网页的可选项，它的主要作用是网站页面的横幅广告或者宣传网页内容等。Banner 通常采用图片或者动画制作，并采用超链接进行页面的引导。

4. 网站 Logo

网站 Logo 是一个网站的标志，Logo 的设计集中体现了网站的文化内涵和内容定位，是最为吸引人、最容易被人记住的网站标志。Logo 在网页中的位置都比较醒目，一般网页的左上角都留给 Logo，也有设计者习惯将 Logo 设计为可以回到首页的超链接。

5. 导航栏

导航栏是一系列导航按钮的组合，其作用就是链接到网站的各个重要网页，让浏览者迅速找到需要的页面。导航栏一般放在网页中比较引人注目的位置，通常位于页面的顶端或左侧，分为水平导航栏和垂直导航栏两种。导航栏可以采用文本、图片等元素来实现。在设计网站中的网页时，可以每个页面都显示相同的导航栏，也可以只有首页设计导航栏。

6. 文本

文本内容是网页重要的信息传递和交流载体，文本内容能够准确的表达信息的内容和含义，因此是网页中非常重要的组成要素。为了克服文本一成不变的印象，设计者为网页中的文本设计了诸如字号、字体、颜色、底纹、边框等属性，使网页文字在浏览器中显示的更加美观，并能够突出重点，有利于阅读者的浏览和信息的快速获取。

7. 图像和动画

图像是网页的重要组成部分，具有提供信息、展示作品、装饰页面、表现网站风格等作用。网页中最常用的图像格式有 JPG/JPEG、GIF 和 PNG 等。动画在网页中具有吸引用户注意力的作用，网页中加入动画会使页面更加生动。动画可以通过 CSS 语言或 JS 语言等代码实现，也可以用其他软件创作出各种动画效果。

8. 音频和视频

音频和视频是多媒体网页重要的组成部分。不同浏览器支持的音频和视频文件格式都是不同的，并且可能这些浏览器支持的音视频格式彼此间互不兼容，因此在为网页添加音频或视频时要充分考虑浏览器差别、格式、文件大小、品质和用途等因素，保证音频或视频在不影响网页下载和用户观看效果的情况，使网页更加精彩且富有动感。

9. 超链接

超链接是网站的灵魂，它实现了从一个网页跳转到相同网页的不同位置、当前网站的另一个网页、或者其他网站的某个页面。通过超链接将各个网页组织在一起，实现了网页的有机整合，构成了真正的网页。超链接是 WWW 流行起来的最重要的原因。超链接可以是文本、图像等元素，将鼠标移动到网页某元素上，如果鼠标指针变为手的形状，说明该对象为超链接。

10. 表单

表单主要用于数据采集，是获取用户信息并与用户进行交互的有效方式，在网页中应用非常广泛。用户可以在表单对象中输入信息，然后提交信息给目标端。目标端可以是电子邮件、服务器端的应用程序等。表单一般用于搜索引擎、用户注册登录、获取反馈意见等。

2.2 网页的版面设计

版面结构是将网页上不同元素巧妙排列的一种方式，是网页内容的载体和外在形象。网页的版面是网页风格的一种重要外在体现。网页版面设计要综合考虑图像、文字、动画、音频、视频、超链接等多个网页元素，在追求美感和个性的同时，要考虑到用户的阅读体验和重要内容的突出体现等。

2.2.1 网页版面尺寸

网页版面的尺寸主要和电脑显示器的分辨率有关。目前比较流行的屏幕分辨率有 1024 × 768 像素，1366 × 768 像素，1280 × 800 像素，1280 × 1024 像素，1440 × 900 像素，1600 × 900 像素，1920 × 1080 像素等。在同等尺寸的显示屏幕下，屏幕分辨率越大，显示内容越细腻，信息量越大。

目前市面上最小的电脑显示器分辨率是 1024 × 768 像素，因此在设计网页表面大小时，只要保证在 1024 × 768 像素情况下能正常显示，其他尺寸也肯定没有问题。在 1024 × 768 像素的分辨率情况下，设计网页版面尺寸时考虑到左右显示效果及滚动条等，宽度一般设置为 1000 像素，高度的设置需要去掉系统底部功能条的高度以及浏览器的高度，因此以 Windows 为例，最终网页可以显示的高度为：768 像素 − 约 60~100 像素（浏览器高度）− 40 像素（系统底部工具栏高度）= 约 620 像素。

2.2.2 网页版面设计原则

俗话说："不以规矩无以成方圆"，网站版面设计与其他出版物如报纸、杂志等有共同之处，也需要遵循一定的设计原则。但网页所包含的元素比其他出版物多，具有多媒体的特性，同时其浏览方式也不同，因此网页版面设计原则主要有：整体性原则、平衡性原则、对比性原则。

1. 整体性原则

整体性是指网页各元素间的整体与统一。页面上不同元素相互呼应，保持整体统一的布局。例如页面中所有按钮等控件元素都应该保持一致，网页中的形状、色彩也应保持一致性，网站各个网页间也应保持一致性，实现统一的风格。

2. 平衡性原则

平衡性原则是指网页上文字、形状、色彩等元素保持视觉上的平衡。平衡的设计会给用户带来舒适的视觉效果，透过网页给用户传达出一种统一和谐的体验感觉。

视觉平衡分为对称平衡、不对称平衡。对称平衡是以网页中心线上的点作为支点，通过对左右两侧的颜色、尺寸等元素进行合理布局，从而实现整体网页一致、统一的平衡感；非对称平衡是在网页中呈现出的一种不均衡状态，通过对元素进行布局带来视觉的对比效果，以此达到一种平衡。在设计中，不对称平衡通常表现在某一区域有大面积颜色或者元素分布密度极高从而获得明显的占主导的视觉效果，而另一区域则是视觉上相对较轻的设计元素。网页中各个元素如果达到对称平衡，页面则显得宁静稳重。为了在页面中添加趣味性，则可以选择不对称平衡。

3. 对比性原则

对比性原则是指让网页中不同的形状、色彩等元素相互对比，以此形成鲜明的视觉效果。对比产生在两个或多个元素之间，设计者可以利用对比对用户产生直接的视觉吸引。网页是由很多元素构成的，这些元素的重要性各不相同。有些内容元素需要重点突出，此时就需要通过对比，创造出视觉趣味性，同时引导用户的注意力。例如一般网页包含页头、内容区、页脚，我们可以使用不同的背景色从视觉上清晰地区分这三个不同的部分。

2.2.3 网页版面结构

合理的页面布局，不仅会给用户赏心悦目的感觉，还能增加网站的吸引力。网页版面结构从网页左右结构划分可以分为一栏型、二栏型、三栏型、混合型。

1. 一栏型

一栏型，顾名思义就是页面左右结构上只有一栏，这种网页风格简单，适用于宣传、介绍、说明等网页功能。一栏型从上下结构划分又可以分为封面型和上中下框架型。

封面型网页结构经常出现在一些网站的首页，页面通常有一张精美的图片或者一张图片结合一些动画，再加上一个或几个简单的超链接构成。封面型网页一般给人赏心悦目的感觉。图2-4所示是一种封面型网页结构。

图 2-4　封面型网页结构示例

上中下框架型网页风格简练，传达内容直观。如图2-5所示。所采用的结构自上而下分别为：页头横条信息、网页主要内容、页脚横条信息。其中页头横条信息一般会包括Logo、广告动画、导航栏，部分网站还会有Banner；而页脚横条信息可以有版权信息、联系方式，有的网站还会有副导航栏。

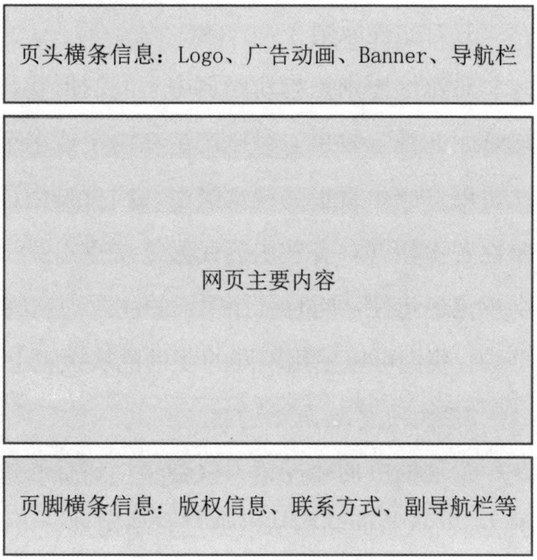

页头横条信息：Logo、广告动画、Banner、导航栏

网页主要内容

页脚横条信息：版权信息、联系方式、副导航栏等

图 2-5　上中下框架型

图 2-6 所示是一种上中下框架型网页结构。其中网页主页内容是分上下两栏显示的。

图 2-6 上中下框架型网页结构示例

2. 二栏型

绝对的二栏型网页是不常见的，一般来说网页的页头和页脚呈现一栏的形式，而中间的网页主要内容呈二栏展现。二栏型又称 T 字型，根据其页面是否平分分为左右对称型和偏置型两种。

左右对称型网页布局如图 2-7 所示，如果网页主要内容一和主要内容二重要性一样，那么会采用左右对称型网页布局。如运用不当，左右对称性结构会稍显呆板，在整个网页中的运用不太常见，如图 2-8 所示是一种左右对称型网页结构。

页头横条信息：Logo、广告动画、Banner、导航栏

网页主要内容一

网页主要内容二

页脚横条信息：版权信息、联系方式、副导航栏等

图 2-7　左右对称性型

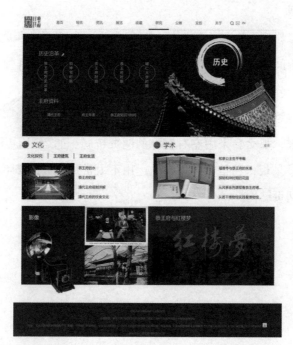

图 2-8　左右对称型网页部分页面结构示例

偏置型网页左右内容栏面积大小不一样，如图 2-9 所示。偏置型网页面积小的一栏通常安排最新信息或各种导航及链接项目，面积较大的一栏是主要内容的展示区。偏置型网页因其沉稳大气又略显个性，版面所容纳的信息量较大，因此被很多大型网站所采用。图 2-10 所示是两种偏置型网页页面结构，左图为左小右大型，右图为左大右小型。

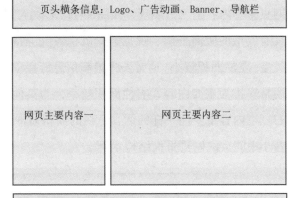

图 2-9　偏置型

图 2-10　偏置型网页结构示例

3. 三栏型

一般来说，三栏型也是网页的页头和页脚呈现一栏的形式，而中间的网页主要内容呈三栏展现，如图 2-11 所示。三栏型又称国字型或同字型，具有典型的版面平衡、视觉感受沉稳大气等特点，是非常常见的一种结构类型。左栏面积较小，通常安排最新信息链接项目或导航等，中栏面积较大，通常安排为主要内容，右栏面积较小，为其他信息链接项目。但如果左中右三栏内容重要性一样的话，三栏的面积通常是相同的。图 2-12 所示是左右小中间大的网页页面结构示例。

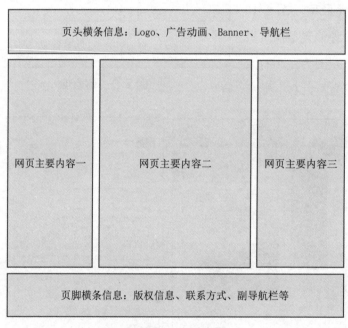

图 2-11　三栏型

图 2-12 三栏型网页结构示例

4. 混合型

具有混合型结构的网页通常兼具以上几种网页结构的特点，网页版面排版独特，设计理念灵活，能充分体现网站的创意和特色。混合型网站没有固定的编排模式，根据网页的内容灵活设计，体现出网站活泼、个性的特点。

2.3 网页色彩搭配

色彩是人的视觉中最敏感的东西，色彩的运用影响到网页页面的表现。研究表明，人在观察一个物体时，前 20 秒对色彩的感知占了整体感知的 80%，剩下的 20% 是对该物体的形体感知；观察时间达到 2 分钟后，人对该物体的色彩感知和形体感知的比重之比为 3：2；直到观察 5 分钟之后，二者才会持平。因此，网页的色彩是树立网站形象的关键之一，一个优秀的网页页面设计，其色彩搭配必定和谐得体，令人赏心悦目，同时主次分明，突出重点。

2.3.1 色彩的基本知识

1. 三原色

人的眼球对红、绿、蓝三种波长的光线感受特别强烈，只要适当调整这三种光线的强度，人几乎可以感受到自然界中所有的颜色。三种波长的光线所对应的三种颜色，即红、绿、蓝被称为光的三原色，也叫三基色。所有彩色荧幕都具备产生上述三种基本光线的发光装置，红、绿、蓝这三种颜色的组合，几乎形成所有的颜色。因此，网页中的颜色就依据红、绿、蓝三个数值的大小来表示，每个数值一般都是 2 位十六进制的数值，颜色值越高表示颜色越深，因此十六进制表示方式为 #RRGGBB（R 代表红色，G 代表绿色，B 代表蓝色，取值都为 0-F），如红色数值表示为 #FF0000，绿色数值为 #00FF00，蓝色数值为 #0000FF，白色数值为 #FFFFFF，黑色数值为 #000000。颜色也可以用十进制来表示，如红色的十进制表示为 RGB（255，0，0），绿色为 RGB（0，255，0），蓝色为（0，0，255），白色为 RGB（255，255，255）。

在传统的色彩理论中，颜色一般可分为彩色和非彩色。其中黑、灰、白属于非彩色系列，其他彩色属于彩色系列。在网页中如果红、绿、蓝三种颜色的数值相等，就显示为非彩色。

2. 色彩三要素

色相、亮度和饱和度是色彩的三要素。

色相是指色彩的名称。色相是色彩的最基本特征，是一种色彩区别于另一种色彩的主要因素。色相反差越大，人眼越容易分辨。同一色相的色彩是指色彩中三原色光组成比例相同的一系列色彩。同一色相的色彩，通过调整亮度或饱和度就很容易搭配出不同的色彩。

色相相同的色彩看上去还有深浅之分，通常把色彩的这一特征称为亮度。亮度越大，色彩越明亮。鲜亮的色彩，让人感觉绚丽多彩，生气勃勃；亮度越小，色彩越暗淡。低亮度的色彩，给人忧郁、神秘的感觉。

饱和度是指色彩的鲜艳程度。饱和度越高的色彩，颜色越鲜亮；饱和度越低的色彩，颜色越暗淡。色彩饱和度的高低受到物体表面结构、照射光源的特点以及视觉生理特征的影响。

任何一种彩色都具备色相、饱和度和亮度三个特征，而非彩色系列的色彩只具有亮度属性。

2.3.2 色彩搭配

1. 配色原则

网站对于色彩的应用既要考虑网站风格，还要考虑功能性和实用性。网页配色要遵循的原则有：

（1）强调特色，个性鲜明

网站的用色要配合网站的特色，强调网站主题，突出网站的特色，从而使浏览者留下深刻的印象。

（2）总体协调，局部对比

对于网页的配色，整体色彩效果应该是协调的、和谐的，但是局部、小范围的地方要有颜色的对比，这样不仅能免于网页色彩过于单调，也可以保持网页的整体风格。

（3）遵循规则，合理搭配

网页配色要遵循设计规则，在考虑美感的同时也要关注人的观感。同时，色彩的使用要呼应网站的内容和气氛。

（4）联想效应和民族喜好

不同的色彩会产生不同的联想。人对所看到的色彩的视觉刺激和暗示，就是色彩心理。例如，绿色给人和睦、宁静、健康和安全的感觉，白色具有洁白、明快、纯真、清洁的感觉，而灰色给人中庸、平凡、温和、谦让、中立和高雅的感觉等。

另外，色彩还具有民族性。各个民族由于环境、文化、传统等的影响，对于色彩的喜好也存在着较大的差异。例如红色是中华民族最喜欢的颜色，而黑色是许多民族的禁忌。

2. 配色方法

（1）确定主体色

主体色是指在网页上除白色背景外大量使用的颜色。一个网站必须围绕一种或两种主体色进行设计，避免在同一页面中运用多种面积相似的色彩，导致客户迷失方向，找不到网页的重点。一般来说网站的主体色与网站品牌的品牌色保持一致，或者与网站的主题保持一致。例如，用蓝色体现科技型网站的专业，用粉红色体现女性的柔情等。

（2）根据主体色确定配色

好的颜色搭配会提升网页的艺术内涵，提升网页的文化品味。根据主体色确定配色的方法有以下几种：

第一，同种色彩搭配。也就是在确定主体色的前提下，通过调整其透明度和饱和度，将颜色变深或变淡，从而产生新的色彩，这样的网页色彩统一，具有层次感。

第二，相近色搭配。相近色就是色相环上相邻二至三色。色相环是指在彩色光谱中所见的长条形的色彩序列将首尾连接在一起形成的色环。色环按照 360 度计算，那么相近色就是彼此距离大约 30 度左右的色彩，是弱对比类型。相近色色相彼此近似，冷暖性质一致，色调统一和谐、感情特性一致。如：红色与黄橙色、蓝色与黄绿色等。

第三，邻近色搭配。邻近色就是色相环上相邻约 60 度左右的色彩，如绿色和蓝色、红色和黄色等。邻近色是较弱对比类型，其搭配容易达成页面和谐统一，避免色彩杂乱。

第四，对比色搭配。对比色就是在色相环上对比距离 120 度左右，是强对比类型，如黄绿与红紫色等。通过合理使用对比色，可以使网站特色鲜明，重点突出，产生强烈的视觉效果。

第五，互补色搭配。在色相环上正好相对的两种色彩既互为补色。互补色距离约 180 度左右，如红色和绿色、橙色和蓝色等。

第六，冷、暖色色彩搭配。冷色调色彩搭配是指使用绿色、蓝色或紫色等冷色系色彩的搭配，这种搭配可为网页营造出宁静、清凉、高雅的氛围。暖色调色彩搭配是指使用红色、橙色、黄色等暖色系色彩的搭配，这种搭配可为网页营造出稳定、和谐和热情的氛围。

第七，非彩色色彩的使用。非彩色色彩包括黑白灰，这类颜色是万用搭配色。如果设计合理，使用恰当的话，往往能产生很好的艺术效果。

（3）配色技巧

色彩搭配是一门艺术，灵活地运用它能让网站更加吸引人。要想制作出漂亮的网页，在灵活运用色彩的基础上还需要加上自己的创意和技巧。下面简单介绍一下配色的常用技巧。

第一，文字颜色的选用。一般来说网站都是比较突出文字的，那么文字的颜色就要与背景颜色形成比较突出的对比，这样才能让人一目了然，也能让用户有兴趣继续浏览下去。

第二，背景色的选用。背景色一般不要太深，否则会显得过于厚重，影响页面的整体效果。在设计时，一般采用淡雅的色彩，避免采用花纹复杂的图片和纯度很高的色彩作为背景色。如确实准备选用黑色等深色系色彩为背景色，可以在这些颜色的基础上增加透明度，以减少这些颜色厚重感。

第三，色彩的数量。在网页配色中，色彩的选择尽量控制在 3-4 种，通过调整色彩的各种属性来使网页产生颜色上的变化，从而保持整个页面的色调统一。

　　第四，留白的使用。留白并不一定必须是留下白色的空间，它可以是其他的任何颜色，留白的另外一个名字是负空间。留白能够衬托和凸显视觉主体，这也是它发挥作用的主要途径。正确使用留白能够为整个网页的色彩搭配带来平衡感。对于文本内容，其易读性的高低和其中的小留白的控制有着密切的关联，这对于内容的呈现有着重要的影响。

第三章 基本网页设计与布局

文字是网页的灵魂和基础，而不同的字体亦能够体现网页的风格，呼应网页的主题。本章将主要介绍如何利用 HTML 和 CSS 语言设计和制作网页中的字体元素，实现基本网页的制作。

3.1 制作基本网页

3.1.1 "我的第一个网页"基本页面制作

[综合案例 3-1]："我的第一个网页"主题为林清玄经典语录，制作网页时，标题单独一行，每一个经典语录单独成一个段落，标题与段落间添加一条水平线。

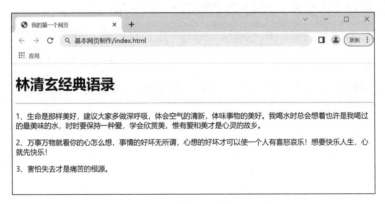

图 3-1 "我的第一个网页"网页效果

3.1.2 任务实现

1.新建项目。打开 Hbuilder 软件，选择"文件"→"新建"→"1.项目"或"7.html 文件",建议选择"1. 项目"构建项目,按图 3-2 进行操作,将会生成文件夹"基本网页制作",文件夹内包括 CSS、img、js 三个文件夹和 index.html 文件。

图 3-2　新建项目

2. 输入标题文本。打开 index.html 文件,在 <title></title> 标签对内输入网页标题"我的第一个网页",如图 3-3 所示第一步。

3. 输入网页内容。在 <body><body> 标签对内输入网页的内容,首先是输入标题,选择输入 <h1></h1> 标签或其他 <h#> 标签。然后输入其他文本,选择输入 3 个 <p></p> 标签对,分别输入 3 段文字,如图 3-3 所示第二步。

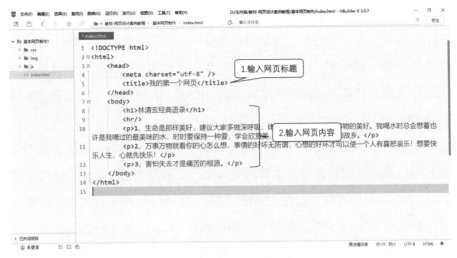

图 3-3 输入网页标题和网页内容

4. 保存网页并浏览网页。选择"文件"→"保存"命令，保存网页。选择"运行"→"运行到浏览器"→选择任一浏览器，浏览网页，或者找到保存网页文件的位置，直接双击打开网页文件。

3.1.3 知识点：HTML（HTML5 语法结构，网页页头标签，网页页身 <h#>、<p>、<hr/> 标签）

3.1.3.1 HTML5 语法结构

网页中 HTML 文档的基本结构示例如图 3-4，主要由四部分组成：

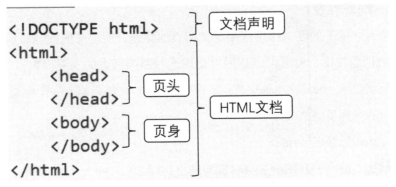

图 3-4 HTML 文档基本结构

1.文档声明。文档声明必须位于 HTML 文档的第一行，它不属于 HTML 标记，是一条指令，告知浏览器编写该网页所使用的 HTML 标记的版本。如第一章所述，HTML 有多个版本，因此不同的文档声明就是用于告知浏览器 HTML 文档所采用的不同的 HTML 版本规范，<! DOCTYPE html> 是 HTML5 的文档声明。

2.文档标签 <html>。<html> 位于文档的最前端，</html> 位于文档的最后端，其作用就是告诉浏览器网页页面的开始点和结束点，也就是浏览器从 <html> 开始解释，遇到 </html> 结束。HTML 文档包括页头和页身。

3.页头标签 <head>。文档页头的内容在 <head></head> 之间定义，页头信息不显示在网页中。在该标记内可以嵌套其他标记，其内容可以是标题名、文件地址、创作信息等网页信息说明。

4.页身标签 <body>。文档页身的内容在 <body></body> 之间定义，其是整个网页的核心，定义网页显示的实际内容。

3.1.3.2 网页页头标签

页头通常存放一些网页信息说明的内容，如标题、关键字、页面描述、链接 CSS 的样式文件和客户端的 JavaScript 脚本文件等，这些信息中只有 <title> 标签的内容可以显示在浏览器标题栏中，其他 head 标签内容都不会在浏览器中显示。

1.<title> 标签

<title> 标签的唯一作用就是定义网页的标题，所定义的标题显示在浏览器的标题栏中，标题可以让用户很快地判断该网页的主要内容。<title> 标签只能位于 <head></head> 之间，每个 HTML 文档只能有一个标题。

<title> 标签格式如下：

<title> 标题名 </title>

例如，故宫博物院的主页对应的网页标题为：

<title> 故宫博物院 </title>

打开故宫博物院的主页后，在浏览器的标题栏中显示"故宫博物院"网页标题。

2.\<meta/\> 标签

\<meta/\> 标签是元信息标签，它是一个单标签，在 HTML5 中，\<meta/\> 和 \<meta\> 两种写法浏览器都是可以识别的，但一般来说 \<meta/\> 写法更严谨一些，这表明它是一个单标签。\<meta/\> 标签可重复出现在页头 \<head\>\</head\> 标签对中，用来定义页面的特殊信息，如网页关键字、网页描述、作者等。这些信息主要是提供给搜索引擎的。

在 HTML 中，\<meta\> 标签有两个重要的属性：name 和 http-eqiuv。

（1）name 属性

name 属性主要用于描述网页摘要信息，与之对应的属性是 content，格式如下：\<meta name=" 参数 " content=" 参数值 "\>。

name 属性有 keywords、description、author、copyright 等。下面主要介绍 keywords 和 description 两个参数。

● keywords 用来设置关键字，告诉搜索引擎可以通过哪些关键字搜索到该网页。例如，故宫博物院的关键字设置如下：

\<meta name="keywords" content=" 故宫博物院，故宫，故宫官网，故宫博物院官网 "\>

当我们在搜索引擎中输入故宫博物院、故宫、故宫官网或故宫博物院官网都能搜索到故宫博物院的主页。

● Description 用来告诉搜索引擎网站主要的内容。例如，故宫博物院主页的页面描述设置如下：

\<meta name="description"content=" 北京故宫博物院建立于 1925 年 10 月 10 日，位于北京故宫紫禁城内。是在明朝、清朝两代皇宫及其收藏的基础上建立起来的中国综合性博物馆，也是中国最大的古代文化艺术博物馆，其文物收藏主要来源于清代宫中旧藏，是第一批全国爱国主义教育示

范基地。">

当浏览者通过搜索引擎搜索"故宫"时，就可以看到搜索结果中显示出网站主页的内容描述，如图 3-5 所示。

图 3-5　通过百度搜索后的网页内容描述

（2）http-equiv 属性

http-equiv 属性只有两个重要作用：定义网页所使用的字符编码和定义网页自动刷新跳转。下面我们只介绍定义字符编码的作用，其具体代码如下：

<meta http-equiv="Content-Type" content="text/html"；charset="utf-8"/>

这段代码告诉浏览器网页使用的字符编码是 utf-8。在 HTML5 标准中，上面这句代码可以简写为：

<meta charset="utf-8"/>

在制作网页时，必须设置字符编码，否则网页在用浏览器打开后可能出现乱码，同时，<meta charset="utf-8"/> 这一句必须放在 <title> 标签以及其他 <meta> 标签前。

字符编码常用的有 utf-8 和 GB2312。utf-8 是针对 Unicode 的一种可变长度字符编码。它可以用来表示 Unicode 标准中的任何字符，也就是支持世界上所有的符号；GB2312 是一个简体中文字符集，由 6763 个常用汉字和 682 个全角的非汉字字符组成。

3.<style> 标签

<style> 标签用来定义元素的 CSS 样式，在 <style></style> 标签对内书写 CSS 样式，格式如下：

<style type="text/css">

/* 这里书写 CSS 样式 */

</style>

4.<link> 标签

<link> 标签用来定义当前 HTML 文档与 Web 集合中其他文档的关系，常用来链接外部的 CSS 样式文件，格式如下：

<link rel="stylesheet" href=" 外部样式表文件名 .css" type="text/css">

5.<script> 标签

<script> 标签用来定义 HTML 文档内的客户端脚本信息，可以在 <script></script> 标签对内定义页面的 JavaScript 代码，也可以链接外部的 JavaScript 文件。

定义页面 JavaScript 代码的格式如下：

<script>

/* 这里书写 JavaScript 代码 */

</script>

链接外部 JavaScript 文件的格式如下：

<script type="text/javascript" src=" 外部脚本文件名 .js"></script>

<script> 标签可以位于 HTML 文档的任何位置，一般来说，链接外部 JavaScript 文件的 <script> 标签位于 <head></head> 标签对内，定义页面 JavaScript 代码的 <script> 标签位于 <body></body> 标签对最后面的位置。

3.1.3.3 网页页身标签

body 标签包括在 HTML 文档的页身部分所有的 HTML 标签，随着案例的展开，我们将逐渐学习这些标签。首先我们来学习综合案例 3–1 涉及的 <h#> 标签、<p> 标签和 <hr/> 标签。

1.<h#> 标签

<h#> 标签就是标题标签。标题是一段文字内容的核心和总结，在 HTML 中，共有 6 个级别的标题标签，分别是 <h1>、<h2>、<h3>、<h4>、<h5>、<h6>，其中 h 是 header（标头，标题）的缩写。这 6 个标题标签在页面的重要性是有区别的，其中 <h1> 标签的重要性最高，<h6> 的重要性最低。在网页中，一个页面只能有一个 <h1> 标签，而 <h2>~<h6> 标签可以有多个，可以把 <h1> 标签视为页面的大标题，而其他标题标签视为小标题来理解。<h#> 标签的格式如下：

<h#> 标题文字 </h#>

[例 3–1]：<h#> 标签的应用

代码如下：

```
<!DOCTYPE html>
<html>
  <head>
    <meta charset="utf-8"/>
    <title> 标题标签 </title>
  </head>
  <body>
    <h1> 一级标题 </h1>
    <h2> 二级标题 </h2>
    <h3> 三级标题 </h3>
    <h4> 四级标题 </h4>
    <h5> 五级标题 </h5>
```

```
    <h6> 六级标题 </h6>
  </body>
</html>
```

说明：图 3-6 为以上示例代码在浏览器中的显示效果。可以看出，从 <h1> 至 <h6>，标签级别越大，字体也越大。但在网页制作时不能用标题标签来设置文字的大小和粗体，标题标签的用途就是设置这段文字为标题，以此呈现文档结构。搜索引擎会使用标题为网页的结构和内容编制索引。

图 3-6　<h#> 标签的页面显示效果

2.<p> 标签

<p> 标签是段落标签，p 是 paragraph（段落）的缩写。段落标签会自动换行，并且段落与段落间有一定的间距，这样排版后的文字会更加整齐、清晰。段落标签的格式为：

<p> 文字 </p>

[例 3-2]：<p> 标签的应用

代码如下：

```
<!doctype html>
<html>
  <head>
    <meta charset="utf-8">
```

```
<title> 段落标签 </title>
</head>
<body>
    <h3> 一字诗 </h3>
    <p> 陈沆 </p>
<p>        一帆一桨一渔舟，一个
渔翁一钓钩。一俯一仰一场笑，一江明月一江秋。</p>
</body>
</html>
```

说明：图 3-7 为以上示例代码在浏览器中的显示效果。段落标签会在段落前后加上额外的空行，用以区别文字的不同段落。

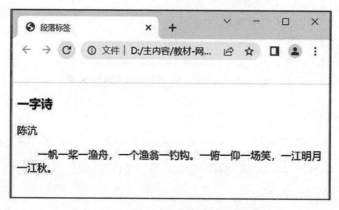

图 3-7　<p> 标签的页面显示效果

3.<hr/> 标签

<hr/> 标签为水平线标签 ,hr 为 horizon（水平线）的缩写。<hr/> 标签是一个单标签，同其他单标签一样，在 HTML5 中，<hr/> 和 <hr> 两种写法浏览器都是可以识别的。<hr/> 可以作为段落与段落之间的分割线，使得文档结构清晰，层次分明。

[例 3–3]：<hr/> 标签的应用

代码如下：

```
<!doctype html>
<!doctype html>
<html>
  <head>
    <meta charset="utf-8">
    <title>hr 标签 </title>
  </head>
  <body>
    <h3> 一字诗 </h3>
    <p> 陈沆 </p>
    <p> 一帆一桨一渔舟，
<hr/>
    一个渔翁一钓钩。
    <hr/>
    一俯一仰一场笑，
    <hr/>
    一江明月一江秋。</p>
  </body>
</html>
```

说明：图 3–8 为以上示例代码在浏览器中的显示效果。<hr/> 标签产生水平线的效果，并强制执行一个换行操作。

图 3-8　<hr/> 标签的页面显示效果

3.2 基本网页的样式设计

3.2.1 "我的第一个网页"的样式设计

[综合案例 3-2]：在综合案例 3-1 "我的第一个网页"的基础上，利用 CSS 代码，分别为标题和段落设置不同的文字颜色、字体类型、字体大小、字体风格和字体粗细，如图 3-9 所示。

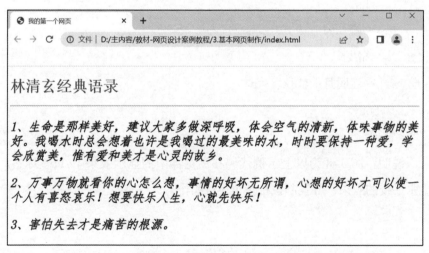

图 3-9　"我的第一个网页"样式设计后的页面显示效果

3.2.2 任务实现

在综合案例 3-1 的 HTML 代码的基础上，引入 CSS 代码进行样式设计。在本次任务实现中，将 CSS 代码放在 <head></head> 标签对内，采用内部样式表的方式将 CSS 与 HTML 文档结合。

具体代码如下：

```
<!DOCTYPE html>
<html>
  <head>
    <meta charset="utf-8"/>
    <title> 我的第一个网页 </title>
      <style type="text/css">
    h1{color: #707070;          /* 定义 <h1> 标签的文字颜色 */
    font-family:" 宋体 ";         /* 定义 <h1> 标签的字体为宋体 */
    font-size: 30px;            /* 定义 <h1> 标签的文字大小为 30px */
    font-weight： bold；         /* 定义 <h1> 标签的文字为粗体 */
    }
  p{color： rgb（0，0，150）;
    font： italic bold 24px " 仿宋 ";       /* 定义 <p> 标签的文字样式
  为斜体、粗体、大小为 24px，字体为仿宋 */
    }
      </style>
  </head>
  <body>
  ……
  </body>
  </html>
```

3.2.3 知识点： CSS（引用方法、设置文本的颜色、设置字体样式）

3.2.3.1 CSS 的引用方法

浏览器若要识别 CSS 设置的网页样式，必须按照一定的文本格式来读取。本文介绍三种在页面中引用 CSS 样式表的方法：链接外部样式表，定义内部样式表，定义行内样式表。

1. 外部样式表

外部样式表就是把 CSS 代码放在一个单独的文件中，通过在 HTML 代码页面中使用 link 标签添加 CSS 样式表的链接地址来引用 CSS 样式表。同一外部样式表可以被不同的网页甚至是整个网站的网页采用，而一个网页也可以同时链接不同的外部样式表，因此，外部样式表是最理想的 CSS 引用方式。

（1）外部样式表的引用方式

在 HTML 文件的 <head></head> 标签对内使用 link 标签来引用。

格式如下：

<head>

　　…

　　<link rel= "stylesheet" type="text/css" href=" 外部样式表文件名 .css">

　　…

</head>

外部样式表文件可以被任何文本编辑器打开并编辑，一般样式表文件的扩展名为 .css。

在链入外部样式表时，<link> 表示浏览器从" 外部样式表文件名 .css" 文件中以文档格式读取定义的样式表；rel 为 relative 的缩写，其属性取值为固定的 "stylesheet"，表示引入的是一个样式表文件；type 属性取值也是固定的 "text/css"，表示定义的文件类型为标准的 CSS 文件；href 属性用于定义 CSS 文件的路径。

（2）样式表语法格式

选择符 1{ 属性：属性值；属性：属性值；…}

选择符 2{ 属性：属性值；属性：属性值；…}

…

选择符 n{ 属性：属性值；属性：属性值；…}

在样式表中可以设置多个选择符，选择符可以为标签选择符、class 类选择符、id 选择符或各类复合选择符等。

（3）路径

路径就是地址，如果要链接外部样式表，必须设置路径，也就是必须设置 link 标签的 href 属性，告诉浏览器在哪里找到 CSS 文件。

路径分为绝对路径和相对路径两种。

绝对路径，是指文件在电脑中的完整路径。如图 3-9 在浏览器的地址栏显示的就是 HTML 文件的绝对路径：file：///D：/ 主内容 / 教材 - 网页设计案例教程 / 基本网页制作 /index.html，这种路径书写方式完整地描述了文件所处的位置。

相对路径，是指以当前文档所在的文件夹为基础开始计算的路径，浏览器也即从当前文档所在文件夹为起点进行查找。根据链接文件与当前文件的位置不同可以采用以下四种方式：

①链接到同一目录内的 CSS 文件，格式为：<link rel= "stylesheet" type="text/css" href=" 目标文件名 .css">

②链接到下一级目录中的 CSS 文件，格式为：<link rel= "stylesheet" type="text/css" href=" 目录名 / 目标文件名 .css">

③链接到上一级目录中的 CSS 文件，格式为：<link rel= "stylesheet" type="text/css" href="../ 目标文件名 .css">

其中，"../" 表示退回到上一级目录。

④链接到同级目录中的 CSS 文件，格式为：<link rel= "stylesheet"

type="text/css" href="../ 子目录名 / 目标文件名 .css">

"../ 子目录名 / 目标文件名 .css"表示先退回到上一级目录，然后进入"子目录名"文件夹目录，再指向目标文件名 .css。

值得注意的是：不管是外部样式表文件，还是后续我们学习到的图片或超链接等路径的设置，我们一般都是使用相对路径，几乎不会用绝对路径。这是因为当采用绝对路径时，网站文件一旦移动，绝大多数绝对路径会失效。

（4）[例 3-4]：CSS 外部样式表的应用

HTML 文件代码：

```
<!DOCTYPE html>
<html>
  <head>
    <meta charset="utf-8">
    <title>CSS 引用方法 </title>
    <link rel="stylesheet" type="text/css" href="css/style.css" />
  </head>
  <body>
    <p class="para"> 这是外部样式表定义的样式 </p>
    <p> 这是没有被样式表定义的样式 </p>
  </body>
</html>
```

CSS 文件代码：

```
.para{color: red; font-size: 20px; }
```

注：CSS 文件命名为 style.css，存储在 css 文件夹中。HTML 文件命名为 CSScite.html。css 文件夹和 CSScite.html 文件放置在同一个文件夹中。

说明：图 3-10 为以上代码实现后的效果。链接外部样式表的实现至少要求有两个文件，一个是 HTML 文件，一个是 CSS 文件。通过链接 CSS 文件，将 HTML 文件中 class 类名为 para 的 <p> 标签内的文字颜色设置为红色，字体大小设置为 20px。未命名 class 类名的 <p> 标签内的文字为 HTML 默认的颜色和字体大小设置。

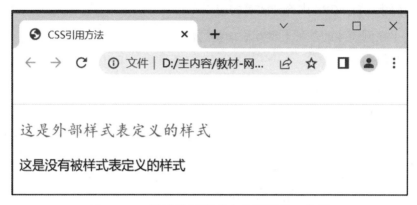

图 3-10　链接外部样式表的页面显示效果

2. 内部样式表

内部样式表是把 CSS 代码和 HTML 代码放在同一个 HTML 文件中。其中 CSS 代码也就是样式表位于 <style></style> 标签对内，放置在 HTML 文件的 <head></head> 标签对内。通过内部样式表的设置可以实现对整个网页页面范围的内容进行统一的控制和管理。单个页面需要设置应用样式时，可以使用内部样式表。

格式如下：

<head>

　…

　<style type="text/css">

　选择符 { 属性：属性值；属性：属性值；…}

　…

　</style>

...

</head>

<style></style> 标签对用来说明所要定义的样式，type 属性取值也是固定的"text/css"，表示定义的文件类型为标准的 CSS 文件。

[例 3-5]：CSS 内部样式表的应用

（在例 3-4 的基础上继续添加新的代码）

代码如下：

```html
<!DOCTYPE html>
<html>
  <head>
    <meta charset="utf-8">
    <title>CSS 引用方法 </title>
    <link rel="stylesheet" type="text/css" href="css/style.css" />
    <style type="text/css">
      .para2{color：green；font-size：25px；}
    </style>
  </head>
  <body>
    <p class="para"> 这是外部样式表定义的样式 </p>
    <p class="para2"> 这是内部样式表定义的样式 </p>
    <p> 这是没有被样式表定义的样式 </p>
  </body>
</html>
```

说明：图 3-11 为以上代码实现后的效果。在链接外部样式表案例的基础上使用内部样式表设置第 2 个 <p> 标签的样式，设置的字体颜色为绿色，字体大小为 25px。从图中可以看出，外部样式表和内部样式表可以在一个 HTML 文件中同时使用，且如果对不同标签进行设置的话，两者是互不干扰的。

图 3-11　定义内部样式表的页面显示效果

3. 行内样式表

行内样式表是三种引用 CSS 样式表中最直接的一种。其通过设置各个 HTML 标签的 style 属性来直接定义样式，style 属性可以包含任何 CSS 样式声明，其语法格式为：

< 标签 style=" 属性：属性值；属性：属性值；…">

需要说明的是：该样式设置方式直接作用到具体的标签上，但由于每个标签都得单独设置独立的样式，容易使整个页面变得臃肿，不易区分网页的内容和样式，因此行内样式表应慎用，只有当样式只在一个标签上应用一次时才可以使用行内样式。

[例 3-6]：行内样式表的应用

（在例 3-5 的基础上继续添加新的代码）

代码如下：

<!DOCTYPW html>

<html>

```
<head>
…
</head>
<body>
    <p class="para"> 这是外部样式表定义的样式 </p>
    <p class="para2"> 这是内部样式表定义的样式 </p>
    <p style="color：blue； font-size：35px；"> 这是行内样式表定义的
样式 </p>
    <p> 这是没有被样式表定义的样式 </p>
</body>
<html>
```

说明：图 3-12 为以上代码实现后的效果。在定义内部样式表案例的基础上使用行内样式设置第 3 个 <p> 标签的样式，设置的字体颜色为蓝色，字体大小为 30px。从图中可以看出，外部样式表、内部样式表和行内样式表可以在一个 HTML 文件中同时使用，且如果对不同标签进行设置的话，三者是互不干扰的。

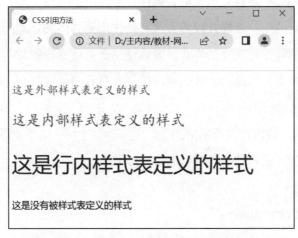

图 3-12　定义行内样式表的页面显示效果

3.2.3.2 设置文本的颜色

在 CSS 样式中，可以使用 color 属性来定义文本的颜色。其语法为：

color：颜色值；

颜色值有多种表示方式：

1."关键字"

CSS 中可以用颜色英文名称设置颜色值，如 p{color：pink；} 设置的 <p> 标签文本颜色为粉色。

关键字设置颜色简单，但不足之处是可设置的颜色有限，满足不了实际需求，并且用关键字指定的颜色可能无法被一些浏览器接受。

2. 十六进制 RGB 值

在计算机中，采用三原色红（R）、绿（G）、蓝（B）混合组成显示屏的显示颜色，因此三原色光模式又称 RGB 颜色模型。它是一种加色模型，将 RGB 三原色的色光以不同的强度相加，将产生多种多样的色光。三原色的强度范围为 0~255。当三原色的强度都为 0 时，将产生黑色；当三原色的强度都为 255 时，将产生白色。

在 HTML 和 CSS 中，使用十六进制 RGB 值设置颜色时，用一个"#"号加 6 个十六进制数表示，表示方式为：#RRGGBB，RR 这两个数字代表红光强度，GG 这两个数字代表绿光强度，BB 这两个数字代表蓝光强度，这三个参数的取值范围为 00~ff。值得注意的是：每个参数必须是两位数，对于只有 1 位的参数，应在前面补 0。RGB 方式共可表示 256 × 256 × 256 种颜色，例如红色十六进制表示为：#ff0000，绿色表示为：#00ff00，蓝色表示为：#0000ff，白色表示为：#ffffff，黑色表示为：#000000。如果每个参数的两个数字都相同，也可以缩写为 #RGB，如 #ff0000 缩写为 #f00，#00ff00 缩写为 #0f0。

3. rgb 函数

在 CSS 中，RGB 值也可以用 rgb 函数来设置颜色，语法格式为：rgb（R，

G，B）。其中，R 为红色值，G 为绿色值，B 为蓝色值。这三个参数值可以为 0~255 的整数值或 0%~100% 的百分比值。例如 p{color: rgb(255,0,0）}或 p{color: rgb（100%，0%，0%）;}设置的 <p> 标签文本颜色都为红色。

4.rgba 函数

rgba 函数是在 rgb 函数的基础上添加了控制 Alpha 通道透明度的参数，语法格式为：rgba（R，G，B，A）。其中，R，G，B 参数与 rgb 函数的参数相同，A 参数表示 Alpha 通道透明度，取值范围为 0~1。

[例 3-7]：文本颜色的设置

代码如下：

```
<!DOCTYPE html>
<html>
<head>
    …
</head>
<body>
    <p style="color: red"> 这是关键字设置的颜色 </p>
    <p style="color: #ff0000"> 这是十六进制设置的颜色 </p>
    <p style="color: rgb（255，0，0）"> 这是 rgb 整数值设置的颜色 </p>
    <p style="color: rgb（100%，0%，0%）"> 这是 rgb 百分比值设置的颜色 </p>
    <p style="color: rgba（255，0，0，0.5）"> 这是 rgba 设置的颜色 </p>
</body>
</html>
```

说明：图 3-13 为五种不同方式设置的文本颜色，结合代码可以看到，前 4 种方式设置的文本颜色都为红色，显示效果相同，第 5 种方式设置文本颜色为红色且透明度为 0.5，因此其颜色显示效果与前 4 种不一样。

图 3-13　文本颜色设置后的页面显示效果

3.2.3.3 设置字体样式

和我们经常用的 word 一样，CSS 也可以对字体样式进行设置。常用的字体样式主要有字体类型（font-family）、字体大小（font-size）、字体风格（font-style）和字体粗细（font-weight），它们都是以 font（字体）为前缀开头的，表明设置的都是文本的字体属性。

1. 字体类型（font-family）

字体具有两方面的功能：传递语义和美学效应。在网页设计时，首先要结合网页的定位等考虑字体的选择。

字体类型设置的语法为：font-family：字体 1，字体 2，字体 3，…；

当 font-family 同时设置多个字体时用"，"隔开，汉字或字体名称包含空格的，则应用引号括起。浏览器按照字体名称的排序，根据电脑中预装的字体，优先显示最前面的字体类型，如前面的字体电脑未安装，则依次考虑后面的字体。值得注意的是，设置的字体必须是用户电脑里面已经安装的才能显示,因此字体设置一般都是选用常规字体,如"宋体"、"仿宋"、"黑体"、"楷体"、"微软雅黑"、Arial、"Times New Roman"、Verdana 等。

[例 3-8]:字体类型的设置

代码如下:

```
<!DOCTYPE html>

<html>

<head>

  <meta charset="utf-8">

  <title> 字体类型 </title>

  <style type="text/css">

    p{font-family: "Times New Roman", Arial, " 楷体 ", " 黑体 "; }

  </style>

</head>

<body>

  <p> 实现明天理想的唯一障碍是今天的疑虑。——富兰克林·罗斯福 </p>

  <p>The only limit to our realization of tomorrow will be our doubts of today.——Franklin.Roosevelt</p>

</body>

</html>
```

说明:图 3-14 为设置多个字体后的浏览器显示效果。在浏览器中可以看到汉语显示的是楷体字体,而英语显示的是 "Times New Roman" 字体。值得注意的是,若我们在设置字体时先设置汉语字体,然后设置英语字体,则页面中的英文在浏览器中最终显示的是汉语字体。因此,当页面内容同时存在汉字和英文时,需要先设置英文字体,然后再设置汉语字体,如本例代码所示。

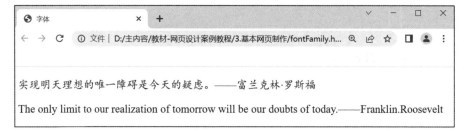

图 3-14 字体类型设置后的页面显示效果

2. 字体大小（font-size）

在设计页面时，可以通过使用不同大小的文字来突出重点。在 CSS 样式中，使用 font-size 设置字体的大小，其值可以是绝对值也可以是相对值。

语法：font-size：关键字 ‖ 绝对尺寸 ‖ 相对尺寸

关键字共 7 种，分别为：xx-small、x-small、small、medium、large、x-large、xx-large，这 7 个尺寸没有精确定义，只是相对而言，在实际应用中使用的较少。

绝对尺寸是使用 pt、px 等长度单位设置字体大小。其中，pt 是点（point），1pt=1/72inch，它是绝对长度单位，不会随着显示设备的不同而改变，也就是说不论在何种设备上，其显示效果是一样的；px 是像素（pixel），是相对于显示器屏幕分辨率而言的，它是一个相对长度单位，也就是会根据不同屏幕的分辨率进行改变。在实际应用中，px 单位用的比较多。

相对尺寸是指利用百分比或者 em 等单位来设置字体大小。其中，百分比是相对于父元素大小的百分数，其参考值为父元素。em 是相对于当前对象内大写字母 M 的宽度，其参考值为当前对象。

一般来说，在实际应用中，固定布局的用 px，不固定布局的用百分比或 em。

[例 3-9]：字体大小的设置

（在例 3-8 的基础上进行字体大小的设置）

代码如下：

```
<!DOCTYPE html>

<html>

<head>

    …

</head>

<body>

    <p> 实现明天理想的唯一障碍是今天的疑虑。——富兰克林·罗斯福 </p>

    <p>The only limit to our realization of tomorrow will be our doubts of today.——Franklin.Roosevelt</p>

    <p style="font-size：20px；"> 实现明天理想的唯一障碍是今天的疑虑。——富兰克林·罗斯福 </p>

    <p style="font-size：0.5em">The only limit to our realization of tomorrow will be our doubts of today.——Franklin.Roosevelt</p>

</body>

</html>
```

说明：图 3-15 显示的是以上案例设置了字体大小后的效果。结合代码，可以看到第一行汉字没有设置字体大小，其字体大小为默认值；第二行汉字设置的字体大小为 20px，也就是 20 像素；第一行英文的字体大小也为默认值，第二行英文设置的字体大小为 0.5em，也就是当前文字大小（默认值）的 0.5 倍。

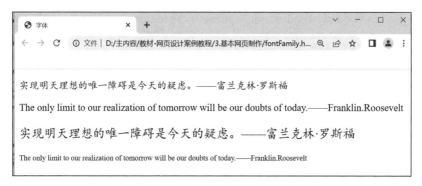

图 3-15　字体大小设置后的页面显示效果

3. 字体风格（font-style）

在 CSS 样式中，使用 font-style 设置字体的斜体效果。其语法为：

font-style：normal || italic || oblique

其中，normal 为正常，为默认值，italic 和 oblique 是斜体，两者的显示效果通常是一样的。一般我们使用的是 italic，italic 是字体的一个属性，但并非所有的字体都有 italic 属性，因此当我们想实现没有 italic 属性的字体斜体时，可以设置 font-style：oblique。

[例 3-10]：字体风格的设置

（在例 3-9 的基础上进行字体风格的设置）

代码如下：

<!DOCTYPE html>

<html>

<head>

　　…

</head>

<body>

　　 实现明天理想的唯一障碍是今天的疑虑。——富兰克林·罗斯福

<p>The only limit to our realization of tomorrow will be our doubts of today.——Franklin.Roosevelt</p>

<p style="font-size：20px；font-style：italic"> 实现明天理想的唯一障碍是今天的疑虑。——富兰克林·罗斯福 </p>

<p style="font-size：0.5em">The only limit to our realization of tomorrow will be our doubts of today.——Franklin.Roosevelt</p>

</body>

</html>

说明：图 3-16 利用 italic 和 oblique 分别为两行汉字设置了斜体样式，从图中可以看出两行汉字的斜体效果一样。

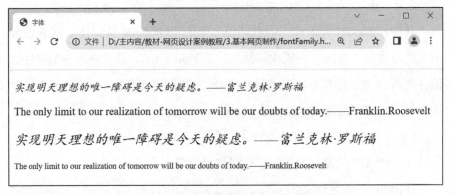

图 3-16　字体风格设置后的页面显示效果

4. 字体粗细（font-weight）

在 CSS 样式中，使用 font-weight 来设置字体的粗细。其语法为：

font-weight：bolder || bold || normal || lighter || 100~900

其中，normal 表示默认值，lighter 是较细，bold 是较粗，bolder 很粗，但效果不明显，一般来说，用的较多的是 bold。100~900 共分为九个层次，100、200、…、900，其中 100 相当于 lighter，400 相当于 normal，700 相当于 bold，而 900 相当于 bolder。数值在实际应用中用的较少，这里只做简单了解即可。

[例 3–11]：字体粗细的设置

（在例 3–10 的基础上进行字体粗细的设置）

代码如下：

```
<!DOCTYPE html>

<html>

<head>

   …

</head>

<body>

   <p style="font-style：oblique；font-weight：lighter"> 实现明天理想
的唯一障碍是今天的疑虑。——富兰克林·罗斯福 </p>

   <p style="font-weight：normal">The only limit to our realization of
tomorrow will be our doubts of today.——Franklin.Roosevelt</p>

   <p style="font-size：20px；font-style：italic；font-weight：bold"> 实
现明天理想的唯一障碍是今天的疑虑。——富兰克林·罗斯福 </p>

   <p style="font-size：0.5em；font-weight：900">The only limit to our
realization of tomorrow will be our doubts of today.——Franklin.Roosevelt</
p>

</body>

</html>
```

说明：图 3–17 为字体粗细设置的不同效果展示，其中第一行为 lighter
（较细）的字体效果，第二行为 normal（正常）的效果，第三行为 bold（较
粗）的效果，第四行为 900（也就是最粗）的效果。

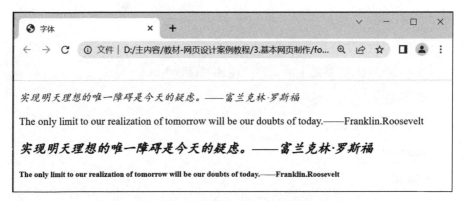

图 3-17　字体粗细设置后的页面显示效果

5. 字体样式的缩写格式

当我们需要对字体的多个样式进行设置时，可以采用缩写格式，其语法为：

font：　style weight size family；

其中，style 对应的是 font-style 的属性值，weight 对应的是 font-weight 的属性值，size 对应的是 font-size 的属性值，family 对应的是 font-family 的属性值。例如 p{font：italic bold 10px " 楷体 "；} 设置的是 <p> 标签内的字体为斜体、加粗、大小为 10px、楷体的样式。

值得注意的是：在这种缩写格式中 style（字体风格）和 weight（字体粗细）的位置可以交换，其属性值也可以省略，也就是可以只设置 size（字号）和 family（字型）的两个属性值，或者 style|weight、size、family 组合的三个属性值；但 size 和 family 不能省略，且两者的位置不能变换，size 一定要写在 family 的前面，而且 size 和 family 必须写在所有属性的最后。

[例 3-12]：字体样式的缩写示例

代码如下：

<!DOCTYPE html>

<html>

```
<head>
    <meta charset="utf-8">
    <title>font 缩写 </title>
    <style type="text/css">
        .one{font：bold 20px " 楷体 "；}
        .two{font：italic lighter 1.3em " 仿宋 "；}
        .three{font：700 oblique 25px 微软雅黑 "；}
        .four{ font：18px " 宋体 ";
        text-align：right；}
    </style>
</head>
<body>
    <p class="one"> 青年循蹈乎此，本其理性，加以努力，进前而勿
顾后，背黑暗而向光明，为世界进文明，为人类造幸福，</p>
    <p class="two"> 以青春之我，创建青春之家庭，青春之国家，青
春之民族，青春之人类，青春之地球，青春之宇宙，资以乐其无涯之生。
</p>
    <p class="three"> 乘风破浪，迢迢乎远矣，复何无计留春望尘莫
及之忧哉？ </p>
    <p class="four">——李大钊 </p>
</body>
</html>
```

说明：图 3-18 为采用 font 不同缩写方式设置的字体样式，结合代码可以看出，font 缩写格式书写灵活，可以在一定程度上减少代码量。

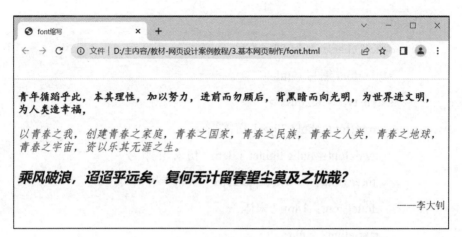

图 3-18　font 缩写方式设置不同样式后的页面显示效果

第四章 文本网页设计与布局

网页中最基本的元素为文本，本章将主要介绍如何利用 HTML 和 CSS 语言设计和制作网页中的文本元素，在基础网页的基础上实现文本网页的设计与制作。

4.1 设计与制作复杂样式的文本网页

4.1.1 任务解析："感谢有你"网页样式设计

[综合案例 4-1]："感谢有你"抗疫诗词是张义豪、梅皓钧的作品，是为了向抗击新冠疫情中奋战在一线的中国人致敬而写就的一首诗词。制作网页时，标题单独一行，小标题居中后靠右几个字符，每一句诗单独成一行，突出显示"是谁"诗句、"感谢"诗句、以及最后的"因为有你"诗句，如图 4-1。

本案例采用 CSS 代码对诗句不同行进行文本样式的设计，包括文字修饰、文字阴影、文字的对齐方式、文字首行缩进、行高，并对背景颜色进行了设置。

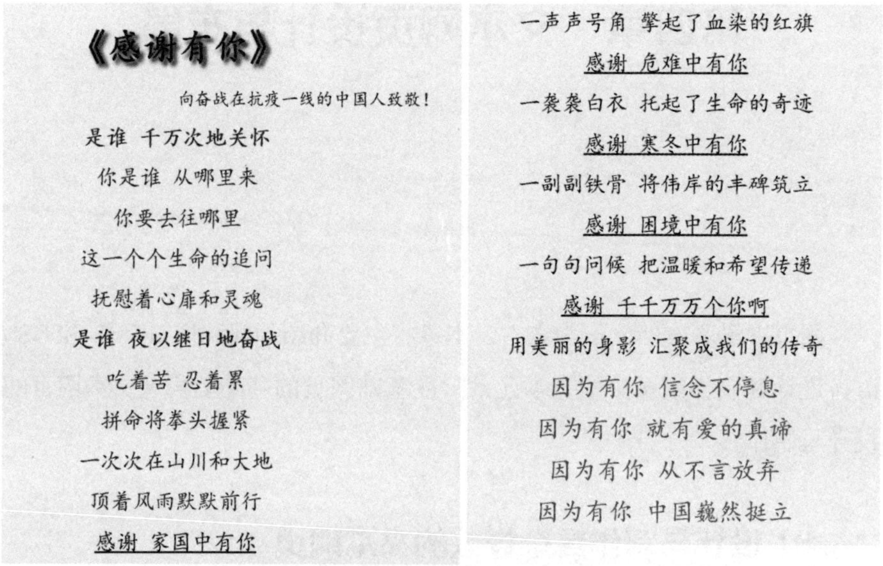

图 4-1　"感谢有你"页面显示效果

4.1.2 任务实现

在本次任务实现中，将 CSS 代码放在单独的 css 格式文档中，采用外部样式表的方式链接到 HTML 文档中。

具体代码如下：

1. HTML 文件代码

```
<!doctype html>
<html>
  <head>
    <meta charset="utf-8">
    <title> 感谢有你 </title>
    <link rel="stylesheet" type="text/css" href="style.css">
  </head>
  <body>
```

```
<h1>《感谢有你》</h1>
<p id="one"> 向奋战在抗疫一线的中国人致敬！ </p>
<div class="p1">
    <p class="two"> 是谁 千万次地关怀 </p>
    <p> 你是谁 从哪里来 </p>
    <p> 你要去往哪里 </p>
    <p> 这一个个生命的追问 </p>
    <p> 抚慰着心扉和灵魂 </p>
</div>
<div class="p2">
    <p class="two"> 是谁 夜以继日地奋战 </p>
    <p> 吃着苦 忍着累 </p>
    <p> 拼命将拳头握紧 </p>
    <p> 一次次在山川和大地 </p>
    <p> 顶着风雨默默前行 </p>
</div>
<div class="p3">
    <p class="three"> 感谢 家国中有你 </p>
    <p> 一声声号角 擎起了血染的红旗 </p>
    <p class="three"> 感谢 危难中有你 </p>
    <p> 一袭袭白衣 托起了生命的奇迹 </p>
    <p class="three"> 感谢 寒冬中有你 </p>
    <p> 一副副铁骨 将伟岸的丰碑筑立 </p>
    <p class="three"> 感谢 困境中有你 </p>
    <p> 一句句问候 把温暖和希望传递 </p>
    <p class="four three"> 感谢 千千万万个你啊 </p>
```

```
<p> 用美丽的身影 汇聚成我们的传奇 </p>

<p><span class="four"> 因为有你 信念不停息 </span><p>

<p><span class="four"> 因为有你 就有爱的真谛 </span></p>

<p><span class="four"> 因为有你 从不言放弃 </span><p>

<p><span class="four"> 因为有你 中国巍然挺立 </span></p>

</div>

</body>

</html>
```

2. CSS 文件代码

注：CSS 文件命名为 style.css，和 HTML 代码文件放在同一文件夹下。同时，CSS 代码为了便于阅读，一般采用以下换行的方式进行书写。

```
body{
    background-color：#f0f8ff;          /* 定义页面的背景颜色 */
}
*{
    font-family："楷体"；
    text-align：center；          /* 定义所有标签的文本居中 */
}
h1{
    font-size：40px；
    text-shadow：#003399 4px 4px 4px；          /* 定义 h1 标签的文字阴影样式 */
}
p{
    font-size：25px；
    line-height：0.8em；          /* 定义 p 标签文本的行高为 0.8em*/
```

```
        }
    #one{
        font-size：20px;
        text-indent：15em；        /* 定义 id 名为 one 的标签文本首行缩进
15em */
        }
    .two{
        font-weight：bold；
        }
    .p1，.p2{
        color：#039；
        }
    div .three{
        text-decoration：underline；        /* 定义 div 标签内的 class 名为
three 的标签的文本修饰为下划线 */
        }
    span.four{
        font-size：28px；
        color：#F00；
        }
```

4.1.3 知识点：CSS（文本样式设置、背景颜色设置、CSS 选择符）

4.1.3.1 设置文本样式

网页的排版离不开文本的设置，本小节主要介绍在上面案例中涉及到的比较常用的文本样式：文本修饰（text-decoration）、文本阴影（text-shadow）、文本对齐（text-align）、文本首行缩进（text-indent）、背景属性等。文本样式主要是对文本进行排版，其前缀多为 text。

1. 文本修饰（text-decoration）

使用 CSS 样式可以对文本进行简单的修饰，文本修饰（text-decoration）主要是对文本实现加下划线、顶线、删除线等效果。

语法：text-decoration: underline || overline || line-through || none

其中，underline 为下划线，一般用于强调重点；overline 为顶线，用途较少；line-through 为删除线（又叫贯穿线），用于删除等强调或电商促销等；none 为无装饰，如果文本默认有修饰效果，则可用 none 去掉默认样式。

值得注意的是：如果应用的对象不是文本，则此属性不发挥作用。

[例 4-1]：文本修饰的设置

代码如下：

```
<!DOCTYPE html>
<html>
  <head>
    <meta charset="utf-8">
    <title> 文本样式 </title>
    <style type="text/css">
        .one{text-decoration: underline;}
    </style>
  </head>
  <body>
    <p class="one">子曰："笃信好学，守死善道，危邦不入，乱邦不居。天下有道则见①，无道则隐。邦有道，贫且贱焉，耻也；邦无道，富且贵焉，耻也。" </p>
    <p class="two"> 子曰： "学如不及，犹恐失之。" </p>
  </body>
```

</html>

说明：图4-2中第一段文字进行了下划线修饰。

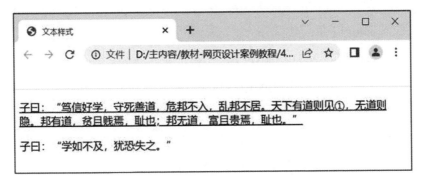

图 4-2　文本修饰设置后的页面显示效果

2. 文本阴影（text-shadow）

文本阴影（text-shadow）可以为文本设置阴影或模糊效果，文本的阴影效果是常用且非常实用的。

语法：text-shadow: h-shadow v-shadow blur color;

其中，h-shadow是必填的，设置水平阴影的位置，可以为负值；v-shadow也是必填的，设置垂直阴影的位置，可以为负值；blur为可选项，设置模糊距离；color为可选项，设置阴影颜色，如不设置，则采用默认的颜色黑色。如果想在一个文本中添加多个阴影，则需要用逗号分隔阴影列表。

[例4-2]：文本阴影的设置

（在例4-1基础上继续完成阴影设置）

CSS代码设置如下（CSS代码可以采用外部样式表或内部样式表的方式引入HTML文档）：

```
.one{
    text-decoration: underline;
    text-shadow: 2px -2px 2px darkblue;
```

```
    }
.two{
    font:bold 40px " 微软雅黑 ";
    color:#F00；
    text-shadow:0 0 1px #FFF，
               0 -1px 1px #FF3，
               0.5px -2.5px 1.5px #FD3，
               -0.5px -4px 2.5px #F80，
               0.5px -6px 4.5px #F20；
    }
```

说明：图 4–3 中第一段文本进行了简单的阴影设置，第二段文本进行了多个阴影效果的设置，形成了霓虹灯效果。

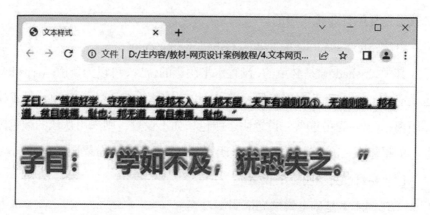

图 4–3　文本阴影设置后的页面显示效果

3. 文本对齐（text-align）

使用文本对齐（text-align）可以设置文本的水平对齐方式。

语法：text-align:left ‖ right‖ center ‖ justify

其中，left 为左对齐，right 为右对齐，center 为居中对齐，justify 为两端对齐。

[例 4-3]：文本对齐的设置

HTML 代码：

```
<!DOCTYPE html>
<html>
  <head>
    <meta charset="utf-8">
    <title> 文本样式 </title>
  </head>
  <body>
    <h1>《论语》子罕篇 节选 </h1>
    <p class="one"> 子曰："后生可畏，焉知来者之不如今也？
四十、五十而无闻焉，斯亦不足畏也已。"</p>
    <p class="two"> 子曰："三军可夺帅也，匹夫不可夺志也。"</p>
    <p class="three"> 子曰："法语之言，能无从乎？改之为贵。巽
与之言，能无说乎？绎之为贵。说而不绎，从而不改，吾末如之何也
已矣。"</p>
  </body>
</html>
```

CSS 代码：

```
h1{text-align: center；}
.one{text-align:left；}
.two{text-align: right；}
.three{text-align: justify；}
```

说明：图 4-4 中第一段文本为标题，设置了居中对齐；第二段至第四段文本为段落，其中第二段设置了左对齐，第三段为右对齐，第四段为两端对齐。

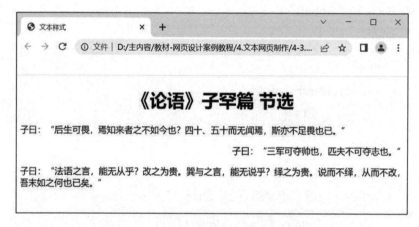

图 4-4　文本对齐设置后的网页效果

4. 文本首行缩进（text-indent）

首行缩进是指段落的第一行向右缩进一定的距离，而其他行保持不变，以此来实现文本内容的结构区分。使用 text-indent 属性可以实现文本的首行缩进。值得注意的是：text-indent 只能用于块级元素，而不能用于行级元素。目前学到的标题标签和段落标签都是块级元素，块级元素和行级元素的具体解释将会在后面章节介绍。

语法：text-indent:length;

其中，length 是由百分比数字或由浮点数字、单位标识符组成的长度值，允许为负值。百分比数字是基于当前段落或其他块级元素的宽度尺寸的。

[例 4-4]：文本首行缩进的设置

（在例 4-3 基础上继续完成首行缩进设置）

CSS 代码：

h1{text-align: center；}

.one{text-align:left;text-indent: 2em；}

.two{text-align: right;text-indent: 5px；}

.three{text-align: justify;text-indent: 10%；}

说明：图 4-5 中正文第一段设置的是首行缩进当前文字的 2 倍，也就是 2 个字符；第二段设置的是首行缩进 5px，但因为第二段为右对齐，在一行文字未占满整行时，无法显示出首行缩进的效果；第三段设置的是首行缩进 10% 的效果。

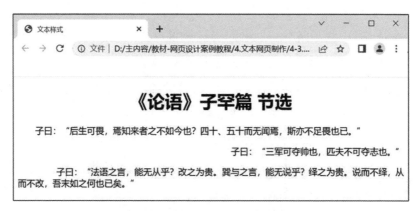

图 4-5　首行缩进设置后的页面显示效果

5. 行高（line-height）

行高是指段落中两行文本间的垂直距离。在 CSS 中，使用 line-height 属性来设置行与行间的垂直间距。

语法：line-height:length || normal;

其中，length 为由百分比数字或由数字、单位标识符组成的长度值，允许为负值。其百分比取值是基于字体的高度尺寸。normal 为默认行高。

[例 4-5]：行高的设置

HTML 代码：

<!DOCTYPE html>

```
<html>
  <head>
    <meta charset="utf-8">
    <title> 文本样式 </title>
  </head>
    <body>
    <h1>《论语》述而篇节选 </h1>
    <p class="one"> 子谓颜渊曰："用之则行，舍之则藏，惟我与尔
有是夫①！ "子路曰："子行三军，则谁与②？ '子曰："暴虎冯河③，
死而无悔者，吾不与也。必也临事而惧，好谋而成者也。"</p>
    <p class="two"> 子曰："圣人，吾不得而见之矣；得见君子者，
斯可矣。"子曰："善人，吾不得而见之矣：得见有恒者，斯可矣。
亡而为有，虚而为盈，约而为泰，难乎有恒矣。"</p>
    <p class="three"> 子曰："德之不修，学之不讲，闻义不能徙，
不善不能改，是吾忧也。"</p>
    <p class="four"> 子曰："饭疏食，饮水，曲肱而枕之，乐亦在其
中矣。不义而富且贵，于我如浮云。"</p>
  </body>
</html>
```

CSS 代码：

```
h1{text-align: center;}
.one{text-align:left;line-height: 200%;}
.two{text-align: right;}
.three{text-align: justify;line-height:2.5em;    }
.four{line-height: normal;}
```

说明：图 4-6 正文中第一段设置的是相当于当前字符高度 200% 的行高；第二段未设置，为默认行高；第三段行高为 2.5em；第四段行高设置的是默认行高，从图中可以看出，第二段和第四段的行高是相同的。

图 4-6　行高设置后的页面显示效果

4.1.3.2 设置背景颜色

在 CSS 样式中，可以使用 background-color 属性来设置网页或网页某些元素的背景颜色。

语法：background-color：颜色值；

其中，颜色值的设置与前面章节所介绍的 color 颜色值的表示方式相同。如果网页元素没有设置背景颜色，则其默认是透明的。

4.1.3.3 CSS 选择符

在第三章介绍内部样式表的章节中，我们提到了 CSS 选择符。选择符就是一个定位器，用来选择希望进行格式化的元素。

选择符的语法是：选择符 { 属性：属性值；}。

"属性：属性值"就是描述要应用的格式化操作声明，格式化的声明必须放在选择符后面的花括号 {} 中，多个格式化操作之间用；隔开。

在 CSS 中，选择符包括标签选择符、id 选择符、class 选择符、通用选择符、分组选择符、包含选择符、元素指定选择符、子对象选择符，属性选择符等，这些不同的选择符就是不同的选择方式，最终的目的都是为了选中某个或某些 HTML 元素。本章我们主要介绍标签选择符等几种常用的选择符。

1. 标签选择符

标签选择符是以文档对象模型（DOM）作为选择符，也即是选择某个 HTML 标签为对象，设置其样式。标签选择符就是网页元素本身，定义时直接使用标签名称。

语法格式为：E{ 属性：属性值；属性：属性值；…}

其中 E 为网页元素（element）。

值得注意的是：（1）不论元素在 HTML 页面中的什么位置，标签选择符都能选中当前 HTML 页面中所有的元素，而不是单独选中某一个元素。比如 p{color：red} 设置的是 HTML 页面中的所有 <p> 标签的样式，而不是某一个 <p> 标签；（2）只要是 HTML 中的元素，就可以作为标签选择符，如 <body>、<h1>、<p> 等。

[例 4–6]：标签选择符的应用

HTML 代码：

```
<!DOCTYPE html>
<html>
  <head>
    <meta charset="utf-8">
```

　　　　<title> 标签选择符 </title>

　　</head>

　　<body>

　　　　<h1>《傅雷家书》名言名句 </h1>

　　　　<p > 孩子，可怕的敌人不一定是面目狰狞的，和颜悦色、满腔热血的友情，有时也会耽误你许多宝贵的时间。</p>

　　　　<div>

　　　　唯有艺术和学问从来不辜负人；花多少劳力，用多少苦功，拿出多少忠诚和热情，就得到多少收获与进步。

　　　　　　<p>"人一辈子都在高潮—低潮中浮沉，惟有庸碌的人，生活才如死水一般""只要高潮不过分使你紧张，低潮不过分是你颓废，就好了"。</p>

　　　　</div>

　　</body>

</html>

CSS 代码：

h1{text-align： center；}

p{color：blue；}

div{background-color： #E1FFFF；}

说明：结合以上代码和图 4-7，<h1> 标签选择符设置的是文本居中；<p> 标签选择符设置的文字颜色为蓝色，不论 <p> 标签在什么位置，所有 <p> 标签的文字都显示为蓝色；<div> 选择符标签设置的背景色为淡青色 #E1FFFF。

图 4-7 标签选择符设置样式后的页面显示效果

2. id 选择符

id 选择符用来对某个单一元素定义单独的样式。定义 id 选择符时，要在 id 名称前加上一个 "#" 号。

语法格式为：#id 名 { 属性：属性值；属性：属性值；…}

其中，"#id 名"表示这是一个 id 选择符，其中 id 名是定义的 id 选择符名称。需要注意的是：id 名前必须加上前缀 #，否则该选择符无法生效。

id 属性是 HTML 标签的一个基本属性，其具有唯一性，也就是一个 HTML 页面中一个 id 名只能出现一次。因此，一个 id 选择符只能在 HTML 页面中使用一次，其针对性非常强。设置 id 属性的语法为 < 标签 id="id 名 ">。

[例 4-7]：id 选择符的应用

（在例 4-6 基础上继续添加代码）

HTML 代码：

<!DOCTYPE html>

<html>

```
<head>
    <meta charset="utf-8">
    <title>id 选择符 </title>
</head>
<body>
    …
    <div>
```

唯有艺术和学问从来不辜负人；花多少劳力，用多少苦功，拿出多少忠诚和热情，就得到多少收获与进步。

```
        <p id="top">"人一辈子都在高潮—低潮中浮沉, 惟有庸碌的人,
    生活才如死水一般" "只要高潮不过分使你紧张, 低潮不过分使你
    颓废, 就好了"。</p>
    </div>
</body>
</html>
```

CSS 代码：

…

#top{color：#A0522D； font-size：20px；}

说明：图 4-8 中的第三段文本采用 id 选择符进行了文字颜色和字体大小样式的设置。id 选择符可以直接找到目标元素进行样式的设置。

图 4-8　id 选择符设置样式后的页面显示效果

3. class 选择符

class 选择符，又称类选择符，用来对一类具有相同 class 名的标签元素定义特殊的样式。定义 class 选择符时，要在 class 名称前加上一个 "." 号。

语法格式为：.class 名 { 属性：属性值；属性：属性值；…}

其中，".class 名"表示这是一个 class 选择符，其中 class 名是定义的 class 选择符名称。需要注意的是：class 名前必须加上前缀 .，否则该选择符无法生效。

class 属性是 HTML 标签的一个基本属性，同一个 HTML 页面中的相同标签或不同标签可以设置相同的 class 名。因此，一个 class 名可以在 HTML 页面中多次使用，一个 class 选择符也就可以对一类具有相同 class 名的标签设置相同的样式。设置 class 属性的语法为 < 标签 class="class 名 ">。

[例 4-8]：class 选择符的应用

（在例 4-7 基础上继续添加代码）

HTML 代码：

```
<!DOCTYPE html>
<html>
    <head>
        …
    </head>
    <body>
        <h1 class="one">《傅雷家书》名言名句 </h1>
        <p class="one"> 孩子，可怕的敌人不一定是面目狰狞的，和颜悦色、满腔热血的友情，有时也会耽误你许多宝贵的时间。</p>
        …
    </body>
</html>
```

CSS 代码：

```
…
.one{font-family：" 楷体 "； text-decoration：underline；}
```

说明：如图 4-9 所示，标题和第一段文本设置了相同的字体和下划线样式。这是在 HTML 代码中对标题 <h1> 标签和第一段 <p> 标签设置了相同的 class 名"one"，在 CSS 代码中对 class 选择符".one"设置了样式，就可以同时实现对标题和第一段文本渲染设置的样式。

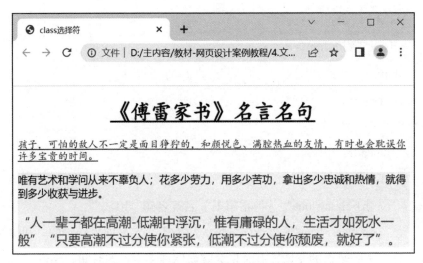

图 4-9　class 选择符设置样式后的页面显示效果

4. 通用选择符

通用选择符用于选定文档对象模型（DOM）中的所有标签的单个对象。它是一种特殊的选择符，用"*"表示。

语法格式为：*{ 属性：属性值； 属性：属性值；…}

需要注意的是，由于通用选择符是设置 HTML 页面上所有标签的样式属性，所以在设置之前会遍历所有的标签，如果当前页面上的标签比较多，那么性能就会比较差，所以在开发网页中一般不会使用通用选择符。

[例 4-9]：通用选择符的应用

（在例 4-8 基础上继续添加代码）

CSS 代码：

…

*{line-height： 30px； text-shadow： 2px 2px 2px yellow； }

说明：如图 4-10 所示，利用通用选择符为 HTML 页面中所有标签设置了行高和文本阴影的样式。

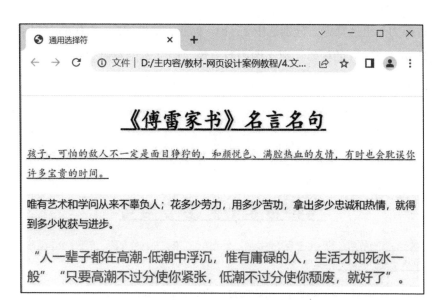

图 4-10　通用选择符设置样式后的页面显示效果

5. 分组选择符

分组选择符用于对多个选择符设置同一样的样式，可以视作"集体声明"。

语法格式为：选择符 1，选择符 2，选择符 3{属性：属性值； 属性：属性值；…}

其中，分组选择符间必须使用"，"来连接，且这些选择符可以使用标签名称、id 名称或 class 名称。

[例 4-10]：分组选择符的应用

（在例 4-8 基础上继续添加代码）

CSS 代码：

…

h1，.one，#top{line-height： 30px；text-shadow： 2px 2px 2px yellow；}

说明：图 4-11 显示的效果与图 4-10 稍有不同，这是因为将通用选择符替换为分组选择符，分别选中了 <h1> 标签、属性 class 名为 one 的标签、属性 id 名为 top 的标签，那么图中只有第二段文本没有设置行高和文本阴影的样式。

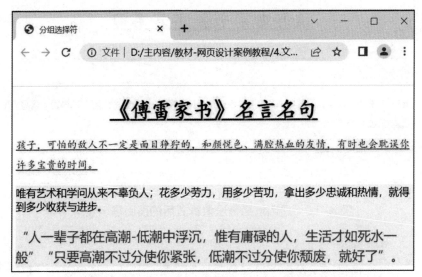

图 4-11　分组选择符设置样式后的页面显示效果

6. 后代选择符

后代选择符又叫包含选择符，是通过嵌套的方式，找到指定标签的所有特定的后代标签，进行样式的设置。在 HTML 页面布局中，常常会出现标签的嵌套现象，一个标签内部可能嵌套几个层级结构的后代标签，因此为了实现对某些标签的大范围样式控制，常采用后代选择符。

语法格式为：选择符 1 选择符 2{属性：属性值；属性：属性值；…}

其中，后代选择符必须用空格来连接，且这些选择符可以使用标签名称、id 名称或 class 名称。选择符 1 选中的是外层标签，选择符 2 选中的是内层标签，那么该后代选择符选中的就是放到选择符 1 中的所有指定选择符 2。后代选择符大大简化了代码，可以通过空格一直延续下去，来实现比较精确的定位和控制。

[例 4-11]：后代选择符的应用

（在例 4-8 基础上继续添加代码）

CSS 代码：

…

div p{font-style： italic；}

从 HTML 页面代码中可以看到，共有 2 个 <p> 标签，但通过后代选择符可以直接选中 <div> 标签中的 <p> 标签，设置了文字斜体的样式。图 4-12 中第三段文本即为通过后代选择符设置的样式。

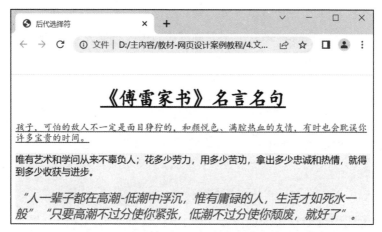

图 4-12　后代选择符设置样式后的页面显示效果

7. 子代选择符

子代选择符是通过嵌套的方式，找到指定标签的所有特定的子代标签，进行样式的设置。其与后代选择符相似，但不同的是子代选择符选中的是指定标签中所有特定的直接子代标签，而不能找到其他孙代等后代标签。

语法格式为：选择符 1> 选择符 2{ 属性：属性值；属性：属性值；…}

其中，子代选择符必须用"＞"来连接。同后代选择符相似，子代选择符中的这些选择符也可以使用标签名称、id 名称或 class 名称，选择符 1

选中的是外层标签，选择符 2 选中的是内层标签，那么该子代选择符选中的就是放到选择符 1 中的指定的子代选择符 2。

[例 4-12]：子代选择符的应用

（在例 4-8 基础上继续添加代码）

HTML 代码：（在 <div> 标签中再嵌套一个 <div> 标签）

<div class="two">

唯有艺术和学问从来不辜负人；花多少劳力，用多少苦功，拿出多少忠诚和热情，就得到多少收获与进步。

<div class="twoDiv">

<p id="top">"人一辈子都在高潮—低潮中浮沉，惟有庸碌的人，生活才如死水一般" "只要高潮不过分使你紧张，低潮不过分使你颓废，就好了"。</p>

</div>

</div>

CSS 代码：

…

.two>.twoDiv>p{font-style：italic；}

以上代码也能够实现如图 4-12 中第三段文本为斜体的效果，但如果子代选择器为 .two>p 则无法实现，这是因为 class 名为 two 的 <div> 标签没有子代的 <p> 标签，其嵌套的 <p> 标签为该 <div> 的子代的子代，通过子代选择器无法找到该 <p> 标签。

4.2 设计与制作简单的一栏式网页

4.2.1 任务解析："古诗赏析"样式设计

[综合案例 4-2]："古诗两首"选取了两首唐诗。制作网页时，网页布局分为上、中、下三个框（盒子），这三个盒子都要左右居中。其中上

边盒子放置标题，中间盒子放置两首诗，下边的盒子放置版权信息，如图4-13。

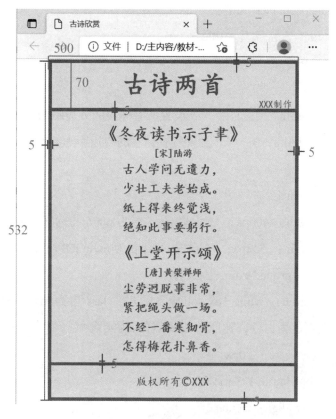

图4-13　"古诗两首"页面显示效果

本案例采用 div+CSS 进行网页布局，其中 <div> 标签为 HTML 代码，本案例涉及到的新 CSS 知识点包括样式表的特征、盒模型等。

4.2.2 任务实现

在本次任务实现中，将 CSS 代码放在 HTML 的头部，采用定义内部样式表的方式设置页面样式。

具体代码如下：

<!doctype html>

```html
<html>
  <head>
    <meta charset="utf-8">
    <title> 古诗欣赏 </title>
    <style>
      * {
      margin：0;           /* 设置所有标签的外边距为 0 */
      padding：0;      /* 设置所有标签的内边距为 0 */
      }
      .main {
      width：400px；  /* 设置 class 名为 main 的标签宽度为 800px*/
      height：532px；/* 设置 class 名为 main 的标签高度为 600px*/
      background-color: grey;
      border：white 1px solid; /* 设置 class 名为 main 的标签盒子
边框颜色为白色，宽度为 1px，样式为实线 */
      font-size：20px;
      font-family：" 楷体 "；
      text-align：center;
      color：#B7472A;
      margin：0 auto;
      padding：5px;
      box-sizing：border-box; /* 设置 class 名为 main 标签的任何内
边距和边框都将在已设定的宽度和高度内进行绘制 */
      }
      .header, .content, .footer {
      background-color：#F4E8C3;
```

```
        }
        .header {
        height： 70px；
        color： #F00；
        margin-bottom： 5px； /* 设置 class 名为 header 的标签的下外
边距为 5px */
        }
        h1 {
        font-size： 40px；
        text-align： center；
        padding-top： 10px； /* 设置 <h1> 标签的上内边距为 10px */
        }
        .header p {
        font-size： 15px；
        text-align： right；
        padding-right： 5px； /* 设置 class 名为 header 的标签内的 <p>
标签右内边距为 10px */
        }
        .content {
        margin-bottom： 5px；
        padding： 10px；
        }
        .content h2 {
        font-size： 25px；
        padding-top： 5px；
        line-height： 40px；
```

height：40px；/*height 和 line-height 设置相同的值，则文本在一行内上下居中 */

```
}
.content p {
line-height：30px；
height：30px；
font-weight：bold；
}
.content .name {
font-size：15px；
line-height：20px；
height：20px；
}
.footer {
height：50px；
line-height：50px；
font-size：18px；
}
</style>
</head>
<body>
 <div class="main">
  <div class="header">
   <h1> 古诗两首 </h1>
   <p>XXX 制作 </p>
  </div>
```

```
<div class="content">
  <h2>《冬夜读书示子聿》</h2>
  <p class="name">[ 宋 ] 陆游 </p>
  <p> 古人学问无遗力，</p>
  <p> 少壮工夫老始成。</p>
  <p> 纸上得来终觉浅，</p>
  <p> 绝知此事要躬行。</p>
  <h2>《上堂开示颂》</h2>
  <p class="name">[ 唐 ] 黄檗禅师 </p>
  <p> 尘劳迥脱事非常，</p>
  <p> 紧把绳头做一场。</p>
  <p> 不经一番寒彻骨，</p>
  <p> 怎得梅花扑鼻香。</p>
</div>
<div class="footer">
  <p> 版权所有 &copy；XXX</p>
</div>
</div>
</body>
</html>
```

4.2.3 知识点：HTML（<div> 和 <span> 标签、块级元素和行级元素、元素的嵌套）、CSS（CSS 样式表的特征、盒模型）

4.2.3.1 HTML 知识点补充

1.<div> 标签和 <span> 标签

<div> 标签主要是用于进行 HTML 文档结构的布局，划分一个区域，其内部可以嵌套任何 HTML 页面元素，如 <p> 标签、<h1> 标签等。div 的

英文全称为 division（区分）。<div> 标签配合 CSS 来进行 HTML 页面的样式设置，如页面中有多个 <div> 标签的话，则可以使用 id 或 class 属性来区分不同的 <div>。需要注意的是，<div> 标签没有明显的外观效果，只有设置其 CSS 样式属性时，才能看到 <div> 区域的外观效果。

语法格式为：<div>HTML 元素 </div>

<span> 标签也是主要用来 HTML 文档结构布局的，但与 <div> 标签适用于大范围区域的设置不同，<span> 标签被用来定义文档中一行内的局部信息，适用于行级元素的设置。<span> 标签内的内容主要是文本。

语法格式为：<span> 内容 </span>。

2. 块级元素和行级元素

标签（也叫元素）根据其表现形式，主要分为块级元素（block）、行级元素（inline）和行内块级元素（inline-block）。本章我们主要了解一下块级元素和行级元素。在目前所学的 HTML 标签中，<p>、<h1>~<h6>、<div>、<hr/> 等标签是块级元素，而 <span> 标签是行级元素。

[例 4–13]：<div> 标签和 <span> 标签的应用

代码如下：

```
<!DOCTYPE html>
<html>
  <head>
    <meta charset="utf-8">
    <title> 块级元素和行级元素 </title>
    <style type="text/css">
        p{ background-color： yellow； }
        span{ background-color： lightblue； }
        div{background-color： lightgreen； }
    </style>
```

```
</head>
<body>
    <p>p 标签 </p>
    <p> 是块级元素 </p>
    <span>span 标签 </span>
    <span> 是行级元素 </span>
    <div>
        <div>div 标签 </div>
        <div> 是块级元素，<span> 不是行级元素 </span></div>
    </div>
</body>
</html>
```

说明：通过上面的代码示例，结合图 4-14 可以看出块级元素在浏览器显示状态下始终占据一行，而且排斥其他元素与其位于同一行内；而行级元素与块级元素正好不同，其可以与其他行级元素位于同一行内。

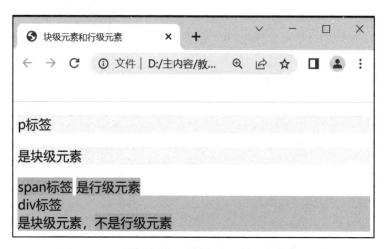

图 4-14　块级元素和行级元素的页面显示效果

3. 元素的嵌套

通常情况下，HTML 的文档树状结构图如图 4–15 所示，从这个结构图中可以看出，元素间存在着嵌套关系，通常我们用父元素或子元素这样的称呼来分析元素间的关系，例如，<div> 元素是 <p> 元素以及 <span> 元素的父元素，但它也是 <html> 元素和 <body> 元素的子元素，前面章节讲解的后代选择符和子代选择符就是建立在 HTML 的文档结构基础上的。

关于元素的嵌套需要注意的是：（1）块级元素可以嵌套行级元素和和其他块级元素，但行级元素却不能嵌套块级元素，只能嵌套其他行级元素（如图 4–14 所示）；（2）<h1>~<h6>、<p>、<dt> 这几个块级元素不能嵌套其他块级元素，只能嵌套行级元素。

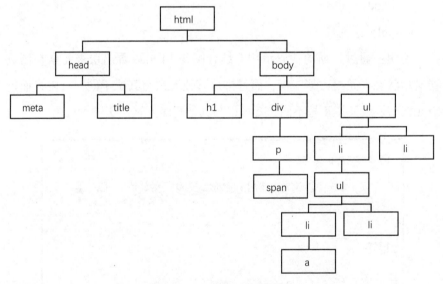

图 4–15　HTML 文档结构

4.2.3.2 CSS 样式表的特征

1. 继承性

CSS 的主要特征是继承性，它是指子元素继承父元素的一些样式属性。样式表的继承规则是：父元素的样式会保留下来，由这个元素所包含的子元素继承；所有在元素中嵌套的元素都会继承父元素指定的属性值，有时会把多层嵌套的样式叠加在一起，除非进行更改；遇到冲突的地方，以最后定义的为准。

需要注意的是：（1）并不是所有的样式属性都可以继承，只有以color 、font- 、text- 、line- 开头的属性才可以继承；（2）<a> 标签的文字颜色和下划线是不能继承的；<h#> 标签的文字大小是不能继承的。

[例 4–14]：CSS 样式表的继承性示例

代码如下：

```
<!DOCTYPE html>
<html>
  <head>
    <meta charset="utf-8">
    <title> 继承性 </title>
    <style type="text/css">
      body{font-size：20px；color：rgb（18，18，110）；}
      span{color：rgb（100，100，255）}
    </style>
  </head>
  <body>
    <h1> 名言名句 </h1>
    <p> 生活中的各种过程都有它独立的意义和价值——每一刹那有每一刹那的意义与价值！每一刹那在持续的时间里，有它相当的位置。——<span> 朱自清《匆匆》</span></p>
    <p> 从此我不再仰脸看青天，不再低头看白水，只谨慎着我双双的脚步，我要一步一步踏在泥土上，打上深深的脚印！——朱自清《毁灭》</p>
```

　　　　　　</body>

　　</html>

　　说明：通过上面的代码示例，结合图 4-16 可以看出 <p> 标签能够继承父元素 <body> 标签设置的文字大小和文字颜色样式，<span> 标签继承了父元素的文字大小，文字颜色显示 <span> 自己设置的颜色样式，<h1> 标签不能继承父元素的文字大小，但可以继承父元素的文字颜色样式。

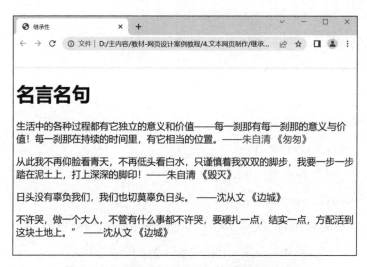

图 4-16　继承性示例展示的页面显示效果

2. 层叠性和优先级

　　当同一元素被多个样式表或多个选择符定义时，浏览器该以哪个为准则呢？这涉及 CSS 的层叠性和优先级。层叠性是指 CSS 对同一元素应用多个样式表冲突的处理能力。优先级是指 CSS 样式在浏览器中被解析的优先顺序。

　　前面章节中介绍了三种样式表，当它们两种或三种同时出现时，浏览器按照规定的样式表的优先级进行层叠解析，也就是高优先级样式表将会覆盖低优先级样式表定义的重叠的样式，但可以继承低优先级样式表未重叠的样式。根据规定，样式表的优先级别从高到低为：行内样式表 > 内部

样式表 > 外部样式表 > 浏览器默认的样式表。

[例 4–15]：样式表的优先级和层叠性的案例演示

首先，链接外部样式表 CSS.css，其中定义了 class 名为 para 的 color、font-size 和 font-family 属性，代码如下：

```
.para{
    color：red；
    font-size：20px；
    font-family："楷体"；
}
```

然后，在内部样式表中定义了 class 名为 para2 的 color 和 font-size 属性，最后采用行内样式表定义了 color 属性，代码如下：

```
<!DOCTYPE html>
<html>
  <head>
    <meta charset="utf-8">
    <title>CSS 样式表层叠性与优先级 </title>
    <link rel="stylesheet" type="text/css" href="CSS.css"/>
    <style type="text/css">
      .para2{
        color：green；
      font-size：25px；
      }
    </style>
  </head>
  <body>
    <p class="para"> 这是外部样式表定义的样式 </p>
```

<p class="para para2"> 这是外部样式表和内部样式表层叠后的样式 </p>

<p class="para para2" style="color：blue"> 这是外部样式表、内部样式表、行内样式表定义的样式 </p>

<p> 这是没有被样式表定义的样式 </p>

</body>

</html>

说明：通过上面的代码示例，结合图 4-17 可以看出外部样式表和内部样式表重复设置的样式为颜色和字体大小，那么在第 2 行文本中可以看到浏览器解析了内部样式表的文字绿色和大小 25px，同时继承了外部样式表的楷体字体；在外部样式表、内部样式表、行内样式表同时设置了文字颜色时，在第 3 行文本中浏览器解析了行内样式表的文字蓝色，同时继承了外部样式表的楷体字体和内部样式表的字体大小 25px。

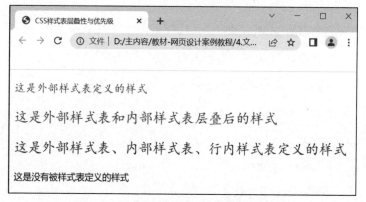

图 4-17   样式表层叠的页面显示效果

除了考虑样式表的层叠与优先级外，还应考虑不同选择符之间的优先级，根据规定，不同选择符间的优先级别从高到低为：id 选择符 > class 选择符 > 标签选择符 > 通用选择符。不同选择符选中同一元素进行样式定义时，与前面示例样式表的层叠效果相似，重复设置的样式浏览器将按照优先级显示最高优先级的样式，未重复设置的样式将都会被显示。如果想超越这三者之间的关系，可以用！ important 来提升样式表的优先级。

!important 格式为：选择符 { 属性：属性值！ important；}

!important 用于提升某个直接选中选择符中的某个属性的优先级，可以将被指定属性的优先级提升为最高。需要注意的是：（1）任何选择符选中的属性都可以被直接选中；（2）!important 只能提升被指定的属性的优先级，其它的属性的优先级不会被提升；（3）!important 必须写在属性值的分号前面。

3. 特殊性

当编写 CSS 代码时，会出现多个选择符作用于同一元素的情况，通过计算权重，权重越大的样式会被优先采用。

以下为不同选择符的权重值，不同选择符的权重值根据权重相加后进行比较，权重值最大的样式会被浏览器解析。

通配符选择符	0 分
标签选择符	1 分
class 选择符	10 分
id 选择符	100 分

[例 4-16]：样式表的特殊性示例

（在例 4-14 基础上添加代码）

代码如下：

```
<!DOCTYPE html>
<html>
  <head>
    <meta charset="utf-8">
    <title> 特殊性 </title>
```

```
<style type="text/css">
  body{
    font-size：20px；
    color：blue；
  }
  span{
    color：green；
    font-size：15px；
  }
  .one{
    color：red；
  }
  p .one{
    font-family："楷体"
  }
  p span{
    font-family："仿宋"；
    text-decoration：underline；
    color：yellow；
    font-size：25px；
  }
</style>
</head>
<body>
  <h1>名言名句</h1>
  <p>生活中的各种过程都有它独立的意义和价值——每一刹那有
```

每一刹那的意义与价值！每一刹那在持续的时间里，有它相当的位置。——<span class="one"> 朱自清《匆匆》</span></p>

　　<p> 从此我不再仰脸看青天，不再低头看白水，只谨慎着我双双的脚步，我要一步一步踏在泥土上，打上深深的脚印！——朱自清《毁灭》</p>

</body>

</html>

说明：通过上面的代码示例，结合图 4-17 可以看出不同选择符对 <span> 标签进行了样式设置，其中颜色重复设置的有 <span> 标签选择符（权重值为 1）、.one 类选择符（权重值为 10）和 p span 后代选择符（权重值为 1+1=2），那么浏览器显示的颜色为权重最高的 .one 类选择符定义的红色；字体设置重复的有 p span 后代选择符和 p .one 后代选择符（权重值为 1+10=11），那么浏览器解析的为最高权重的 p .one 后代选择器定义的楷体；字体大小重复设置的有 span 标签选择符和 p span 后代选择符，那么浏览器显示的为权重值最高的 p span 后代选择符定义的 25px。

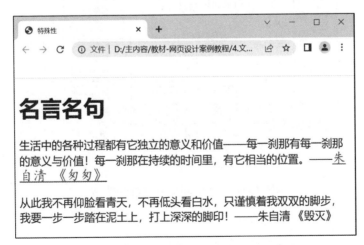

图 4-17　样式表特殊性演示的页面显示效果

4.2.3.3 盒模型

在 CSS 盒模型（又称为框模型）理论中，页面中所有元素都可以看作一个盒子，占据着一定的页面空间。因此我们可以通过对这些盒子的定位，实现整个页面的布局。

如图 4-18 所示，每个元素可以理解为一个盒子，这个盒子由内容、内边距（padding）、边框（border）和外边距组成，可以通过外边距、边框、内边距以及内容的宽（width）和高（height）对元素进行不同的设置。其中，外边距是盒子边框与盒子边框之间的距离，它使得视觉上盒子间保持一定的空隙；边框是内、外边距间的隔离带，可以用于分割不同元素，形成视觉上的盒子空间；内边距是边框与内容之间的空隙，可以看成是内容区的背景区域。

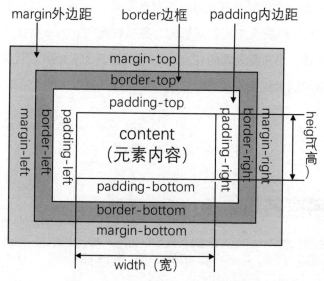

图 4-18　盒模型及与属性的关系

1. 宽和高

从图 4-18 可以看出，元素的宽和高是针对内容区域的。值得注意的是，只有块级元素才可以设置 width 和 height，而行级元素是无法设置的。那么，元素盒子的总宽度应该是：元素总宽度 = 宽度（width）+ 左内边距（left-padding）+ 右内边距（right-padding）+ 左边框（left-border）+ 右边框（right-border）+ 左外边距（left-margin）+ 右外边距（right-margin）；而元素盒子的总高度应该是：元素总高度 = 高度（height）+ 上内边距（top-padding）+ 下内边距（bottom-padding）+ 上边框（top-border）+ 下边框（bottom-border）+ 上外边距（top-margin）+ 下外边距（bottom-margin）。

[例 4–17]：盒模型的宽和高设置

代码如下：

```
<!DOCTYPE html>
<html>
  <head>
    <meta charset="utf-8">
    <title> 盒子和宽和高 </title>
    <style type="text/css">
      div{width: 100px; height: 50px; background-color: #e1cccc; }
      span{width: 100px; height: 50px; background-color:
#a0eeee; }
    </style>
  </head>
  <body>
  <div> 块级元素 </div>
  <span> 行级元素 </span>
  </body>
</html>
```

说明：由图 4–19 可以看出，块级元素设置了 width 和 height 后其宽和高都显示为设置的大小，而行级元素即使设置了 width 和 height，这两个属性无法生效，其宽和高仅为内容撑起来的宽和高。

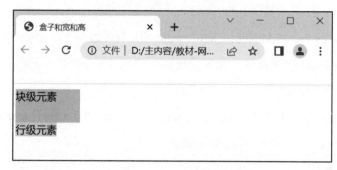

图 4–19 盒模型的宽和高的页面显示效果

2.边框

边框类似于相框的效果，其不仅有宽度（border-width）的区别，还有颜色（border-color）、样式（border-style）以及圆角（border-radius）的区别，同时也可对一条边框进行单独设置。

表 4–1 盒模型中边框属性

属性	语法	说明
所有边框宽度	border-width：参数 {1，4}	如果 border-style 设置为 none，本属性失去作用
所有边框样式	border-style：参数 {1，4}	如果 border-width 等于 0，本属性将失去作用
所有边框颜色	border-color：参数 {1，4}	如果 border-style 设置为 none 或 border-width 等于 0，本属性失去作用
所有边框圆角	border-radius：参数 {1，4}	
边框	border：border-width border-style||border-color	复合属性
顶边框	border-top：border-width border-style||border-color	复合属性

续表

属性	语法	说明
右边框	border-right：border-width border-style||border-color	复合属性
底边框	border-bottom：border-width border-style||border-color	复合属性
左边框	border-left：border-width border-style||border-color	复合属性

（1）所有边框宽度（border-width）

语法格式为：border-width：参数 {1，4}

其中，参数 {1，4} 为 1~4 个由数字和单位标识符组成的长度值。如果提供 4 个参数值，则对应盒子的上、右、下、左进行边框宽度设置；如果提供 3 个参数值，则第 1 个值用于上边框，第 2 个值用于左、右边框，第 3 个值用于下边框；如果提供 2 个参数值，则第 1 个值用于上、下边框，第 2 个值用于左、右边框；如果只提供 1 个参数值，则作用于四个边框。

值得注意的是，如果 border-style 设置为 none 时，本属性失去作用；同时，border-width 不能设置为负值。

（2）所有边框样式（border-style）

语法格式为：border-style：参数 {1，4}

其参数为 none（无边框）、hidden（隐藏边框）、dotted（点线边框）、dashed（长短线边框）、solid（实线边框）、double（双线边框）、groove（3D 凹槽边框）、ridge（菱形边框）、inset（3D 凹边边框）、outset（3D 凸边边框）。可以提供 1-4 个参数，提供参数数量所作用的边框同边框宽度。

值得注意的是：如果 border-width 等于 0，本属性将失去作用。

（3）所有边框颜色（border-color）

语法格式为：border-color：参数 {1，4}

其参数为指定的颜色，颜色值的设置与前面章节所介绍的 color 颜色值的表示方式相同。值得注意的是，如果 border-style 设置为 none 或 border-width 等于 0，本属性失去作用，如果不设置该属性，则默认值为黑色。

（4）所有边框圆角（borer-radius）

语法格式为：border-radius： 参数 {1，4}

其参数为 1~4 个由数字和单位标识符组成的长度值，不允许为负数。如果提供 4 个参数值，则对应盒子的左上、右上、右下、左下进行边框圆角的设置；如果提供 3 个参数值，则第 1 个值用于左上边框圆角，第 2 个值用于右上、左下边框圆角，第 3 个值用于右下边框圆角；如果提供 2 个参数值，则第 1 个值用于左上、右下边框圆角，第 2 个值用于右上、左下边框圆角；如果只提供 1 个参数值，则作用于四个边框圆角。值得注意的是，所提供的长度参数为这个角的水平半径，如果值为 0，则该角为矩形。

（5）边框复合属性

语法格式为：border：border-width border-style || border-color

其中，border-width、border-style、border-color 属性参阅对应的属性，border-color 可以省略不写，如不写的话，则默认为黑色。

顶边框、右边框、底边框、左边框的语法同边框复合属性，这里不做赘述，语法格式参见表 4–1。

[例 4–18]：盒模型的边框设置

代码如下：

```
<!DOCTYPE html>
<html>
  <head>
    <meta charset="utf-8">
    <title> 边框样式 </title>
    <style>
```

```
div {
  width：40px；
  height：40px；
}
.box1 {
  border：4px solid；
  border-radius：2px 4px 8px 16px；
}
.box2 {
  border-width：4px；
  border-style：solid；
  border-color：red green blue purple；
  border-radius：0 4px 8px 16px；
}
.box3 {
  border：4px solid red；
  border-right：4px dashed red；
  border-radius：4px 8px 16px；
}
.box4 {
  border：4px solid red；
  border-style：solid dashed double dotted；
  border-radius：4px 16px；
}
.box5 {
  border：4px solid #000；
```

```
            border-bottom： none;
          }
        .box6 {
          border-top： 4px solid rgb（0，0，0）;
          border-right： 4px solid rgb（0，0，0）;
          border-bottom： 4px solid rgb（0，0，0）;
          border-left： 4px solid rgb（0，0，0）;
          border-radius： 40px;
          }
      </style>
    </head>
    <body>
      <div class="box1"></div>
      <hr>
      <div class="box2"></div>
      <hr>
      <div class="box3"></div>
      <hr>
      <div class="box4"></div>
      <hr>
      <div class="box5"></div>
      <hr>
      <div class="box6"></div>
    </body>
</html>
```

说明：由图 4-20 浏览器显示效果，结合代码可以看出，不同的边框属性可以实现相同的设置效果；同一个选择器中后面设置的边框属性会覆盖前面的边框属性；如果边框值设为 none 时，则该条边框消失；盒子宽高值相同，且圆角长度值也与该值相同，则浏览器显示盒子边框为圆形。

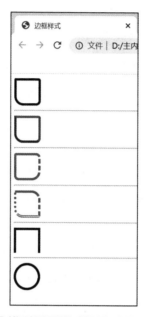

图 4-20　盒模型不同样式设置后的页面显示效果

3. 内边距

内边距是指盒子边框与内容之间的距离。内边距设置属性有：padding、padding-top、padding-right、padding-bottom、padding-left。其中，padding 为复合属性，用来一次设置四条内边距。

padding 的语法格式为：padding：参数 {1，4}

其中，参数 {1，4} 为 1~4 个由数字和单位标识符组成的长度值。不同数值参数对应的上、右、下、左内边距同边框参数。

padding-top、padding-right、padding-bottom、padding-left 的 语 法 同 padding 复合属性，这里不做赘述。

需要注意的是：（1）部分 HTML 标签的内边距不为 0，为了能够统一设置页面布局及美化页面，应先把所有标签的内边距设为 0；（2）不管是行级元素还是块级元素都可以设置内边距；（3）一般情况下如果需要控制嵌套关系盒子之间的距离，应该首先考虑内边距。

4. 外边距

外边距是盒子边框与其他盒子间的距离。外边距设置属性有：margin、margin-top、margin-right、margin-bottom、margin-left。 其 中，margin 为复合属性，用来一次设置四条外边距。

margin 的语法格式为：margin：参数 {1，4}

其中，参数 {1，4} 为 1~4 个由数字和单位标识符组成的长度值。不同数值参数对应的上、右、下、左外边距同内边距参数。

margin-top、margin-right、margin-bottom、margin-left 的语法同 margin 复合属性，这里不做赘述。

如果想设置盒子在父元素中居中，则可以设置为：margin：length auto，其中，length 是上下外边距的长度值，auto 是让盒子左右位置上居中。

5. 盒子内外边距的注意点

如果要精确控制盒子的位置，就必须对内外边距有更深入的了解。其中块级元素的内边距一般不会涉及到合并外延等问题，这里就不进行演示了。

（1）行级元素间的内外边距注意点

对于行级元素来说，①左右内外边距是不会合并的；②上、下内边距会在当前元素的边框基础上向顶部和底部外延，但是这些外延不会拓展改变行级元素实际占据的布局大小，但在视觉上会扩大行级元素的实际大小，引起行级元素与上下元素间的重叠；③对于上下外边距来说，行级元素是无法设置的。

[例 4-19]：盒模型行级元素内外边距的设置

代码如下：

<!DOCTYPE html>

```
<html>
  <head>
    <meta charset="utf-8">
    <title> 行级元素的内外边距注意点 </title>
    <style type="text/css">
      *{
        margin：0;
        padding：0 /* 为了消除默认的内外边距，先采用通用选择符
将内外边距设置为0*/
      }
      span{
        background-color：rgba（0，0，255，0.3）;
        border：2px solid darkred;
        padding：10px;
        margin：10px;
      }
      .one{
        margin-top：0;
        padding-top：0;
      }
  hr{
        border-top：10px solid darkgray;
      }
    </style>
  </head>
  <body>
```

```
    <hr>
    <span> 正 </span><span class="one"> 正 </span>
    <hr>
    <span> 正 </span><span class="one"> 正 </span>
    <hr>
    </body>
</html>
```

说明：由图 4-21 网页显示效果，结合代码可以看出，一、行级元素的左右内外边距都是能够实现的；二、即使设置了行级元素的上下外边距，浏览器也无法解析；三、上下内边距设置后会溢出行级标签的实际位置大小，与上下行的元素重叠。

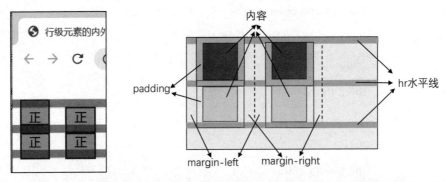

图 4-21　盒模型行级元素内外边距设置后的页面显示效果及示意图

（2）块级元素间的外边距注意点

当两个块级元素垂直相遇时，第一个元素的下外边距与第二个元素的上外边距会发生合并，合并后的外边距高度为这两个元素外边距较大者。当一个块级元素包含另一个块级元素时，如果父级元素没有设置边框或者内边距时，两个元素的上外边距也会发生合并，合并后的外边距高度也为这两个元素外边距较大者。以上结论可以结合图 4-22 及例 4-17 代码进行分析。

[例 4–20]：盒模型块级元素间外边距的设置

代码如下：

```
<!DOCTYPE html>
<html>
  <head>
    <meta charset="utf-8">
    <title> 块级元素的内外边距注意点 </title>
    <style type="text/css">
      *{margin：0；padding：0；}
      div{
        width：100px；
        height：100px；
        margin：10px；
        background-color：#A9eeee；
      }
  .one{
        margin-bottom：20px； /* 未设置边框和内边距 */
      }
      .two{
        padding：10px； /* 设置内边距 */
      }
      .three{
        border： 2px solid #8B0000； /* 设置边框 */
    margin-top：20px；
    }
      .four{
```

```
      width：50px；
      height：50px；
      background-color：#A9A9A9；
      border：2px solid #8B0000；  /* 设置边框 */
   }
 .five{
      width：50px；
      height：50px；
      background-color：#A9A9A9；
      margin-top：20px；  /* 未设置边框和内边距 */
   }
 hr{
      border-top：10px solid darkgray；
   }
   </style>
  </head>
  <body>
   <hr>
      <div class="one">
<div class="five"></div>
      </div>
      <div class="one">
        <div class="four"></div>
      </div>
      <div class="two">
        <div class="five"></div>
```

```
      </div>
      <div class="three">
        <div class="five"></div>
      </div>
    </body>
  </html>
```

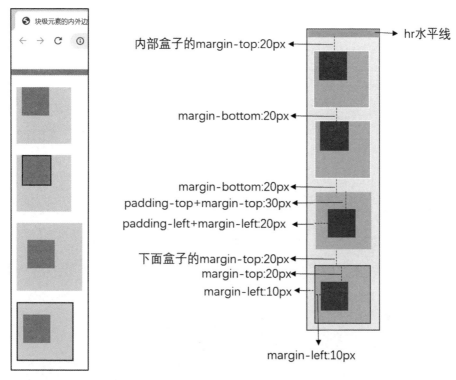

图 4-22　盒模型块级元素外边距设置后的页面显示效果及示意图

6. box-sizing 属性

前面已经介绍过，盒子的 width 和 height 属性设置的是元素的宽和高，而盒子的宽和高是包括所有的外边距、边框宽度、内边距和元素宽和高的，这在我们的实际应用中常会带来麻烦，需要经常考虑盒子的实际宽和高。

CSS3 中新增了一个 box-sizing 属性，这个属性可以保证我们给盒子新增 padding 和 border 之后，盒子元素的宽度和高度不变。

语法格式为：box-sizing： content-box || border-box

其中，当设定参考值为 content-box 时，盒子的宽高 = 边框 + 内边距 + 内容宽高（width/height 设定的宽高）；当设定参考值为 border-box 时，盒子的宽高 = width/height 设定的宽高。

第五章　多媒体网页设计与布局

图像、视频、音频、动画等元素是网页的重要组成要素，这些元素的加入美化了网页、提升了网页的浏览效果、提高了网页的信息量。本章将主要介绍如何利用 HTML 和 CSS 语言在文本网页的基础上设计和制作多媒体网页。

5.1 设计与制作有背景的网页

5.1.1 任务解析："家"页面设计

[综合案例 5–1]："家"是作家周国平创作的散文，以优美的语言表达了作者对家的依恋之情，以及对天下人的美好祝福。制作网页时，网页内容居中，标题和作者分别单独一行并居中，正文两端对齐，选用图片作为背景，文本位置通过内外边距实现，同时添加自己喜欢的音乐，通过浮动放在网页左上方。

本案例在文本网页制作的基础上，采用 DIV+CSS 进行网页布局，设置了背景图像，并运用 HTML 的音频标签实现了背景音的添加。本节内容涉及的新知识点较少，主要强化了对前面三四章节知识点的灵活运用。

图 5-1　"家"网页效果

5.1.2 任务实现

在本次任务实现中，采用定义内部样式表的方式设置页面样式。

具体代码如下：

```
<!DOCTYPE html>
<html>
  <head>
    <meta charset="utf-8">
    <title> 家 </title>
    <style type="text/css">
```

```
*{margin：0；padding：0；}
.main{
    width：400px；
    height：600px；
    background-image：url（img/bg1.png）； /* 定义背景图像 */
    margin：0 auto；
    padding：70px 60px 70px 60px；
    box-sizing：border-box；
    color：#483D8B；
}
h1{
    font-family："微软雅黑"；
    font-size：25px；
    text-align：center；
    line-height：30px；
    padding：10px 0px；
    color：#4B0082；
}
p{
    font：bold 13px "楷体"；
    line-height：1.3em；
    text-indent：2em；
    padding-bottom：5px；
    text-align：justify；
}
.name{
```

```
font-size：10px;

text-align：center;

text-indent：-0.5em;

}

.audioBox{

float：left;

font：10px " 楷体 ";

}

audio{

height：15px;

width：100px;

}

</style>

</head>

<body>

<div class="audioBox"> 背 景 音 乐 <audio src="audio/song.mp3"
controls="controls"></audio></div>

<div class="main">

<h1> 家 </h1>

<p class="name"> 文 / 周国平 </p>

<p> 南方水乡，我在湖上荡舟。迎面驶来一只渔船，船上炊烟
袅袅。当船靠近时，我闻到了饭菜的香味，听到了孩子的嬉笑。这
时我恍然悟到，船就是渔民的家。</p>

<p> 以船为家，不是太动荡了吗？可是，我亲眼看到渔民们安
之若素，举止泰然，而船虽小，食住器具，一应俱全，也确实是个家。
</p>
```

　　<p> 于是我转念想，对于我们，家又何尝不是一只船？ 。</p>

　　<p> 我心中闪过一句诗："家是一只船，在漂流中有了亲爱。"</p>

　　<p> 望着湖面上缓缓而行的点点帆影，我暗暗祝祷，愿每张风帆下都有一个温馨的家。</p>

　　</div>

　</body>

</html>

5.1.3 知识点：HTML（音、视频标签）、CSS（背景样式）

5.1.3.1 HTML 知识点补充

音频标签和视频标签有很多类似的地方，为了比较性的学习和记忆，本节将音视频知识点统一进行对比介绍。

1. 视频标签

HTML5 规定了一种通过视频标签 <video> 来包含视频的标准方法。<video> 标签的作用是在 HTML 页面中嵌入视频元素，它可以支持三种视频格式：Ogg、MEPG4、WebM，但不同浏览器支持的视频格式稍有不同。

（1）<video> 语法格式

<video> 有两种语法格式：

第一种是：<video src="movie.mp4"></div>

其中属性 src 给出视频的路径地址。

第二种是：

```
<video>
  <source src="movie.webm" type="video/webm"></source>
  <source src="movie.mp4" type="video/mp4"></source>
  <source src="movie.ogg" type="video/ogg"></source>
</video>
```

其中，<video> 标签内部嵌套 <source> 标签对，可以同时提供三个不同格式的视频文件供浏览器使用，一般来说，浏览器解析网页代码时依次按顺序解析的，将使用第一个可识别的格式。

（2）<video> 标签的属性

<video> 的属性见表 5-1。

表 5-1　<video> 标签的属性

属性	描述
src	要播放视频的 URL。
autoplay	如果出现该属性，则视频在就绪后马上播放。但目前部分浏览器不支持该属性。
controls	如果出现该属性，则向用户显示播放、暂停和音量等控件。
loop	如果出现该属性，则当视频文件播放结束后再次开始播放。
muted	规定视频的音频输出应该被静音。
poster	规定视频下载时显示的图像，或者在用户点击播放按钮前显示的图像。
preload	如果出现该属性，则视频在页面加载时进行加载，并预备播放。如果使用 "autoplay"，则忽略该属性。
height	设置视频播放器的高度。
width	设置视频播放器的宽度。

[例 5-1]：视频标签的应用

代码如下：

```
<!DOCTYPE html>
<html>
  <head>
    <meta charset="utf-8">
```

```
    <title> 视频标签 </title>
  </head>
  <body>
    <h2> 湖景 </h2>
    <video controls="controls" preload="preload" width="800px"
muted="muted" poster="poster.jpg">
      <source src="movie.mp4" type="video/mp4"></source>
      <source src="movie.ogg" type="video/ogg"></source>
      <source src="movie.webm" type="video/webm"></source>
您的浏览器不支持视频标签
    </video>
  </body>
</html>
```

该案例采用了视频的第二种语法格式，同时提供了视频的三种格式文件。在 <video> 标签中选用了多个属性，其中 controls 控制视频播放控制条，muted 将视频静音，如图 5-2 所示，另外，preload 的作用主要是预下载视频文件，poster 是提供视频未播放时的占位图片，如图 5-2 左图所示。另外，如果浏览器无法解析这三种视频文件的话，将会显示 <video> 标签对中的文字。

图 5-2 <video> 标签

2. 音频标签

HTML5 规定了一种通过音频标签 <audio> 来包含音频的标准方法，<audio> 标签能够播放声音文件或者音频流。<audio> 可以支持三种视频格式：Ogg Vorbis、MP3、WAV，同样，不同浏览器支持的音频格式稍有不同。

（1）<audio> 语法格式

同 <video> 相似，<audio> 也有两种语法格式：

第一种是：<audio src="song.mp3"></div>

第二种是：

<audio>

<source src="song.mp3" type="audio/mp3"></source>

<source src="song.ogg" type="audio/ogg"></source>

</audio>

（2）<audio> 标签的属性

<audio> 标签的使用和 <video> 标签的使用基本一样，<video> 中的属性除 height、width 和 poster 外，其他都能在 <audio> 标签中使用，并且功能都一样。

<audio> 的属性见表 5-2。

表 5-2　<audio> 标签的属性

属性	描述
src	要播放的音频的 URL。
autoplay	如果出现该属性，则音频在就绪后马上播放。
controls	如果出现该属性，则向用户显示控件，比如播放、暂停等按钮。
loop	如果出现该属性，则每当音频结束时重新开始播放。
muted	规定视频输出应该被静音。
preload	如果出现该属性，则音频在页面加载时进行加载，并预备播放。如果使用 "autoplay"，则忽略该属性。

[例 5-2]：音频标签的应用

代码如下：

```
<!DOCTYPE html>
<html>
  <head>
    <meta charset="utf-8">
    <title> 音频标签 </title>
  </head>
  <body>
    <h2> 音乐欣赏 </h2>
    <audio src="audio/song.mp3" controls="controls" preload="preload"></audio>
  </body>
</html>
```

该案例采用了音频的第一种语法格式。在 <audio> 标签中选用了多个属性，其中 controls 控制音频播放控制条，如图 5-3 所示，preload 的作用主要是预下载音频文件，在图中无法显示。

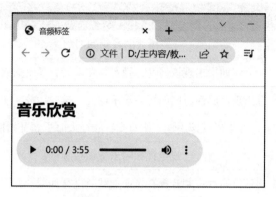

图 5-3 <audio> 标签

5.1.3.2 CSS 中的背景样式

CSS 中背景属性主要用于设置背景颜色、背景图片、背景图片的重复性、背景图片的位置等，常见的背景属性见下表，其中背景颜色 background-color 已在前面的章节讲解过，这里不做赘述。

表 5-3 常见背景属性

属性	语法	说明
背景颜色	background-color：color	设置背景颜色。
背景图像	background-image：url（url）	设置背景使用的图像。
背景重复	background-repeat： repeat | no-repeat | repeat-x | repeat-y	设置背景图像的重复性。如果 background-image 未设置，本属性失去作用。
背景图像定位	background-position：参数 1 参数 2	设置背景图像在元素中的起始位置。如果 background-image 未设置，本属性失去作用。

续表

属性	语法	说明
背景图像固定	background-attachment：scroll || fixed	设置背景图像是否固定或者随着页面的其余部分滚动。如果 background-image 未设置，本属性失去作用。
背景图像大小	background-size：[length || percentage || auto] || cover || contain	设置背景图像的尺寸。如果 background-image 未设置，本属性失去作用。
背景复合属性	background：background-color background-image background-repeat background-position background-attachment background-size	简写属性，在一个声明中设置所有的背景属性。

1. 背景图像

语法格式为：background-image：url（url）

其中，url 表示要插入背景图像的路径。如果要为整个浏览器设置背景图像的话，可以在 <body> 标签选择符进行设置。

[例 5-3]：背景图像的设置

代码如下：

<!DOCTYPE html>

<html>

  <head>

    <meta charset="utf-8">

    <title> 背景图像 </title>

    <style type="text/css">

      body{

        background-image： url（"image/bg3.jpg"）；

```
        }
      </style>
    </head>
    <body>
      设置了背景图像。
    </body>
  </html>
```

图 5-4 所示的背景图像效果为图像尺寸小于浏览器，则图像水平和垂直重复铺满整个页面。同时，可以看到正文是在背景图像上方的。

图 5-4　背景图像效果

2. 背景重复

语法格式为：background-repeat：repeat | no-repeat | repeat-x | repeat-y

其中，repeat 表示背景图像在水平和垂直方向上平铺，是默认值；repeat-x 表示背景图像在水平方向上平铺；repeat-y 表示背景图像在垂直方向上平铺；no-repeat 表示背景图像不平铺。

[例 5-4]：重复背景的设置

代码如下：

```
<!DOCTYPE html>
<html>
  <head>
    <meta charset="utf-8">
    <title> 背景重复 </title>
    <style type="text/css">
      *{
        margin：0；padding：0；
      }
      div{
        width：300px；
        height：300px；
        float：left；
        margin：0 5px；
        border：1px solid lightblue；
        background-color：#ccc；
        background-image：url（"image/bg4.jpg"）；
      }
      .one{
        background-repeat：repeat；
      }
```

```
      .two{
        background-repeat：repeat-x；
      }
      .three{
        background-repeat：repeat-y；
      }
      .four{
        background-repeat：no-repeat；
      }
    </style>
  </head>
  <body>
    <div class="one">背景图像重复</div>
    <div class="two">背景图像水平重复</div>
    <div class="three">背景图像垂直重复</div>
    <div class="four">背景图像不重复</div>
  </body>
</html>
```

图 5-5 所示的背景图像四种重复效果。同时，可以看到当同时设置背景图像和背景颜色时，背景图像在背景颜色上层。在网站制作中，提供尺寸较小的背景图片填充页面，可以有效减少背景图片所占资源，提高网页加载速度。

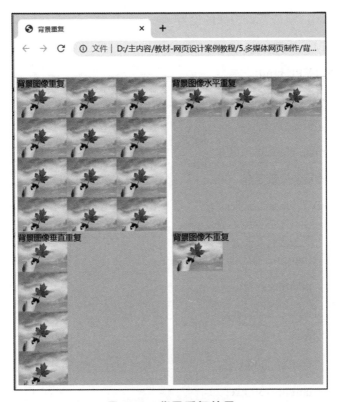

图 5-5 背景重复效果

3. 背景图像定位

语法格式为：background-position：参数 1 参数 2

参数可以为由数字和单位标识符组成的长度值、百分比或位置参数。其中参数 1 代表水平位置，参考点是元素的最左边；参数 2 代表垂直位置，参考点是元素的左上边。参数 1 的关键字主要有 left、center、right，参数 2 的关键字主要有 top、center、bottom。其中 top 的含义是在背景图像相对于元素顶部对齐，bottom 是底部对齐，left 是左对齐，right 是右对齐，center 是水平居中或垂直居中。参数 1 和参数 2 必须同时设置，如果只出现一个参数，那么这个参数设置的是水平位置，垂直位置默认居中。

[例 5-5]：定位背景图像的设置

代码如下：

```
<!DOCTYPE html>
<html>
  <head>
    <meta charset="utf-8">
    <title> 背景定位 </title>
    <style type="text/css">
      *{
       margin：0；
       padding：0；
      }
      div{
       width：300px；
       height：300px；
       float：left；
       margin： 0 5px；
       border： 2px solid lightblue；
       box-sizing： border-box；
       background-color： #ccc；
       background-image： url（"image/bg4.jpg"）；
       background-repeat： no-repeat；
      }
      .one{
       background-position： center bottom；
      }
```

```
        .two{
          background-position： 50px 50px；
        }
        .three{
          background-position： 50% 50%；
        }
        .four{
          background-position： 20%；
        }
    </style>
  </head>
  <body>
    <div class="one"> 用关键字进行背景图像定位 </div>
    <div class="two"> 用长度值进行背景图像定位 </div>
    <div class="three"> 用百分比进行背景图像定位 </div>
    <div class="four"> 背景定位只设置了一个参数值 </div>
      </body>
  </html>
```

结合以上代码和图 5-6 可以看出，如果设置居中或靠边对齐的话，用关键字设置比较简单，如果需要定位精确的位置的话，用长度值或百分比更好些。

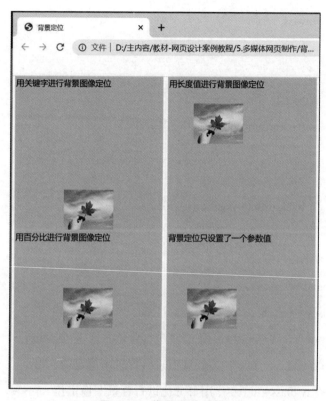

图 5-6　背景定位效果

4. 背景图像固定

语法格式为：background-attachment：scroll ‖ fixed

其中，scroll 表示背景图像随对象内容滚动，是默认值；fixed 表示文字滚动时背景图像保持固定。

[例 5-6]：固定背景图像的设置

代码如下：

```
<!DOCTYPE html>
<html>
  <head>
    <meta charset="utf-8">
```

```
<title> 背景图像固定 </title>
<style type="text/css">
div{
    height：1000px；
    background-image： url（"image/bg4.jpg"）；
    background-repeat： repeat-x；
    background-position： left center；
    background-attachment： fixed；
    }
</style>
</head>
<body>
    <div>
    背景图像固定
    </div>
</body>
</html>
```

图 5-7 所示背景图像固定效果，当网页高度超过一个屏幕时，默认情况下背景图像随滚动条的滚动而移动；当设置为背景图像固定时，不管怎么移动滚动条，背景图像始终保持在视图中的固定位置。

图 5-7　背景固定效果

5. 背景图像大小

语法格式为：background-size：[length ‖ percentage ‖ auto] ‖ cover ‖ contain

其中，length 为长度值；percentage 为百分比；auto 为默认值，也就是背景图像的原始宽度和高度；cover 表示将背景图像扩展至足够大，以使背景图像完全覆盖背景区域。但背景图像的某些部分也许无法显示在背景定位区域中；contain 将图像扩展至最大尺寸，以使其宽度和高度完全适应背景区域。

另外，length、percentage、auto 可以设置两个值，也可以设置一个值。如果设置两个值，第一个改变图像宽度，第二个改变图像高度；如果设置一个值，第一个仍改变图像宽度，图像高度按比例自动缩放。

[例 5-7]：背景图像大小的设置

代码如下：

```
<!DOCTYPE html>
<html>
```

```
<head>
    <meta charset="utf-8">
    <title> 背景图像大小 </title>
    <style type="text/css">
        *{
          margin：0；
          padding：0；
        }
        div{
          width：300px；
          height：300px；
          float：left；
          margin：0 5px；
          border：2px solid lightblue；
          box-sizing：border-box；
          background-color：#ccc；
          background-image：url（"image/bg4.jpg"）；
          background-repeat：no-repeat；
        }
        .one{
          background-size：auto；
        }
        .two{
          background-size：cover；
        }
        .three{
```

```
                background-size：200px；
            }
            .four{
                background-size：80% 50%；
            }
            .five{
                background-size：80%；
            }
            .six{
                background-size：contain；
            }
        </style>
    </head>
    <body>
        <div class="one">auto</div>
        <div class="two">cover</div>
        <div class="three"> 长度值 </div>
        <div class="four"> 百分比两个值 </div>
        <div class="five"> 百分比一个值 </div>
        <div class="six">contain</div>
    </body>
</html>
```

图 5-8 显示了六种背景图像大小设置的方法的图像效果。需要注意的是，百分比是由元素的宽和高决定的。

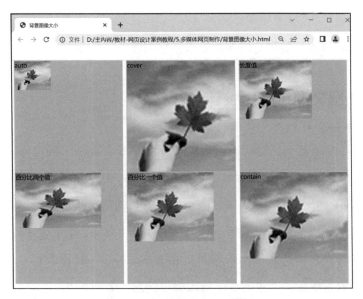

图 5-8　背景图像大小效果

6. 背景复合属性

语法格式为：background：background-color background-image back ground-repeat background-position background-attachment

值得注意的是，background 可以同时设置所有的属性（除了 background-size），也可以只设置几个甚至一个属性。

[例 5-8]：背景属性的综合设置

将背景图像固定的示例的 CSS 代码写为：

div｛

　　height：1000px；

　　background：url（"image/bg4.jpg"）repeat-x left center fixed；

　　/* background-image：url（"image/bg4.jpg"）；

　　background-repeat：repeat-x；

　　background-position：left center；

　　background-attachment：fixed；　*/

　　}

该代码修改后的浏览器解析效果依然如图 5-7 所示。

5.2 图文混排网页设计

5.2.1 任务解析："重温经典"页面设计

[综合案例 5-2]："重温经典"各选取了艾青和冰心两位诗人一首现代诗，采用文字展示；另选了一个诵读诗歌视频，以视频展示。制作网页时，网页分为上、中、下三个盒子，网页设置背景图像，内容左右居中，上下留边。其中上边盒子放置标题，中间盒子分为三部分，中上盒子放置导语，中中盒子分左右两边盒子，采用图文混排方式各放一首诗歌和一个图片，中下盒子放置视频，下边的盒子放置版权信息，如图 5-9。

图 5-9 "重温经典"网页效果

5.2.2 任务实现

在本次任务实现中，将 CSS 代码放在单独的 css 格式文档中，采用外部样式表的方式链接到 HTML 文档中。

具体代码如下：

1. HTML 文件代码

```
<!doctype html>

<html>

<head>

<meta charset="utf-8">

<title> 重温经典 </title>

<link rel="stylesheet" type="text/css" href="style.css">

</head>

<body>

<div class="main">

<div>

    <h1> 重温经典 </h1>

    <p class="mainTop"> 尽管时移迁、岁月更迭，"历史如尘烟消散，情感凝结成永恒"，我们仍能从经典诗词中汲取源源不断的力量，这些经典的诗句深深打动着我们，让我们充满力量！ </p>

</div>

<div class="mainMiddle">

<div class="sub1">

    <img src="image/pic1.jpg">

<h2> 我爱这土地 </h2>

<p class="name"> 艾青 </p>

<p> 假如我是一只鸟， </p>
```

\<p> 我也应该用嘶哑的喉咙歌唱：\</p>

\<p> 这被暴风雨所打击着的土地，\</p>

\<p> 这永远汹涌着我们的悲愤的河流，\</p>

  \<p> 这无止息地吹刮着的激怒的风，\</p>

  \<p> 和那来自林间的无比温柔的黎明……\</p>

\<p>——然后我死了，\</p>

\<p> 连羽毛也腐烂在土地里面。\</p>

\

\<p> 为什么我的眼里常含泪水？ \</p>

\<p> 因为我对这土地爱得深沉……\</p>

\</div>

\<div class="sub2">

\<img src="image/pic2.jpg">

\<h2> 纸船——寄母亲 \</h2>

\<p class="name"> 冰心 \</p>

\<p> 我从不肯妄弃了一张纸 ,\</p>

\<p> 总是留着——留着，\</p>

\<p> 叠成一只一只很小的船儿，\</p>

\<p> 从舟上抛下在海里。\</p>

\<p> 有的被天风吹卷到舟中的窗里，\</p>

\<p> 有的被海浪打湿，沾在船头上。\</p>

\<p> 我仍是不灰心地每天叠着，\</p>

\<p> 总希望有一只能流到我要它到的地方去。\</p>

\<p> 母亲，倘若你梦中看见一只很小的白船儿，\</p>

\<p> 不要惊讶它无端入梦。\</p>

\<p> 这是你至爱的女儿含着泪叠的，\</p>

<p> 万水千山，求它载着她的爱和悲哀归去！ </p>

</div>

</div>

<div class="vid"><video src="video/v1.mp4" controls poster="image/pic3.jpg"/></div>

<div class="mainFooter"> 版权所有 ©XXX</div>

</div>

</body>

</html>

2. CSS 文件代码

注：CSS 文件命名为 style.css，和 HTML 代码文件放在同一文件夹下。

```
*{
    margin:0;
    padding:0;
    }
body{
    background: url("image/bg.jpg") center center;
    background-size: 100%;
}
.main{
    width:1000px;
    margin:50px auto;
    border-radius: 10px;
    background:#E9E5E2;
    font-size:19px;
    font-family:" 仿宋 ";
```

```
    }
h1{
    padding-top:30px;
    padding-bottom: 10px;
    text-align:center;
    font:bold 38px " 楷体 ";
    color:#F33;
    text-shadow: 0px 0px 5px #FF9900;
    line-height: 60px;
    background-color: rgba(237,145,33,0.2);
    border-radius: 10px 10px 0 0;
    }
h2{
    font-size:24px;
    text-align:center;
    padding-bottom:5px;
    color:#C33;
    }
.mainTop{
    padding:20px;
text-indent:2em;
    font-size:16px;
    color:#666;
    }
.mainMiddle{
    padding:0px 5px;
```

```
        }
.mainMiddle .sub1{
    float:left;/* 设置左浮动 */
    width:450px;
    margin-right:10px;
    border:1px dashed #F90;
    box-sizing:border-box;
    padding:5px 0px 0px 5px;
    line-height:1.5em;
        }
.mainMiddle img{
    width:150px;
    float:right;
    margin:10px 15px 5px 5px;
        }
.mainMiddle .name{
        font-size:17px;
        text-align: center;
        }
.mainMiddle .sub2{
    width:530px;
    float:right;/* 设置右浮动 */
    text-align:justify;
    line-height:1.5em;
    border:1px dashed #F90;
    box-sizing:border-box;
```

```
      padding:5px 0px 0px 5px;
      }
.mainMiddle .sub2 img{
   width:170px;
}
   .mainFooter{
    padding:20px;
    text-align:center;
    background-color: #e1e1e1;
    }
   .vid{
    clear:both;/* 设置清楚浮动 */
    width:1000px;
    padding-top:50px;
    }
   .vid video{
    width:1000px;
    height:500px;
    }
```

5.2.3 知识点：HTML（图像标签、行内块级元素）、CSS（浮动布局）

5.2.3.1 HTML 知识点补充

1. 图像标签

在 HTML 中，<img> 标签的作用是在 HTML 页面中添加图像元素，它可以支持三种图像格式：GIF、JPEG、PNG。三种图像格式各有优点，在网页中被广泛使用。GIF 格式采用特殊的压缩技术，可以显著地减小图像文件大小。GIF 图像最多可使用 256 种颜色，适合图标、按钮及颜色不多的图像。此外，GIF 图像还支持小型翻页型动画；JPEG 格式支持多达数百万种颜色，适用于摄影或连续色调图像。在网页中一般要求图像文件不能太大，JPEG 格式可以通过压缩文件在图像品质和文件大小之间取得较好的平衡，在网页中对图像质量要求较高时可采用此格式；PNG 格式兼有GIF 格式和 JPEG 格式的优点，可以在下载 1/64 的图像信息时低分辨率预览图像，显示速度快，同时能够支持透明层。

语法格式为：<img src=" 图像文件 URL 路径 " alt=" 替代文字 " title=" 鼠标悬停提示文字 ">

其中，属性 src 指定图像的路径地址；alt 是当图像无法显示时，用于替代图像的说明文字；title 是当鼠标悬停到图像上时，为浏览者提供的额外提示或帮助信息。图像其他属性可以通过 CSS 进行设置，这里不做赘述。

[例 5-9]：图像标签的应用

```
<!DOCTYPE html>
<html>
  <head>
    <meta charset="utf-8">
    <title> 图像标签 </title>
    <style type="text/css">
      div{
       height： 120px；
       width： 400px；
       border： 1px solid；
       margin： 5px；
      }
      img{
       border： 1px solid blue；
```

```
        }
    .pic {
        height：110px；
    }
    </style>
</head>
<body>
    <div>
    图片展示
    <img src="image/pic.jpg" class="pic" alt=" 这里有一张图片 " title=
" 插画欣赏 ">
    用于欣赏
    </div>
    <div>
    图片展示
    <img src="image/pic1.jpg" class="pic" alt=" 这里有一张图片 " title=
" 插画欣赏 ">
    用于欣赏
    </div>
    <div>
    图片展示
    <img src="image/pic.jpg"  alt=" 这里有一张图片 " title=" 插画欣
赏 ">
    用于欣赏
    </div>
</body>
```

</html>

结合代码，分析图 5-10 所示可知，在第一个盒子中图像与文字处于一行，表明图像标签类似于行级元素，与其他行级元素可以处于同一行中；在第二个盒子中因某些原因图片无法显示后，图片位置处显示 alt 属性设置的属性值；在第三个盒子中可以看到鼠标悬停到图片上时，显示 title 属性设置的属性值；对比第一个盒子和第三个盒子可以发现，图片大小不一样，这是因为第一个盒子通过 CSS 设置了高度，而第三个没有，这表明 <img> 可以设置高度和宽度值，但不可以继承父级元素的宽高。这是因为 <img> 标签与行级元素和块级元素不同，是行内块级元素，可以设置宽高。

图 5-10　<img> 标签效果

2. 行内块级元素

行内块级元素的特点见表 5–4。

表 5–4　常用元素类型

元素类型	特点	常用标签
块状元素 （block）	1. 总在新行上开始； 2. 高度、行高以及外边距和内边距都可设置； 3. 宽度缺省，则宽度是它的父级元素的100%，除非设定一个宽度； 4. 可以容纳行内元素和其他块级元素。	\<div> \<p> \<h#> \<ol> \<ul> \<dl> \<li> \<table> \<address> \<blockquote> \<form>
行级元素 （inline）	1. 和其他元素都在一行上； 2. 元素的高度、宽度、行高都不可设置。 3. 只容纳文本或其他行内元素。	\<a> \<span> \ \<i> \<em> \<strong> \<label> \<q> \<cite> \<code> \<var> \<sub> \<sup>
行内块级元素 （inline-block）	1. 和其他元素都在一行上； 2. 元素的高度、宽度、行高以及顶和底边距都可设置。	\<img> \<input> \<select> \<textarea>

5.2.3.2 CSS 的浮动布局

在学习浮动布局前，首先来了解一下文档流。文档流是指元素在浏览器页面中出现的先后顺序。文档流可以分为"标准文档流"和"脱离文档流"。

标准文档流指在元素布局过程中，元素会默认从左往右，从上往下的流式排列方式，其中块级元素独占一行，相邻行级元素在每一行中按照从左到右排列直至该行排满，并自动换行到下一行。也就是说，标准文档流是默认情况下的页面元素布局情况。

脱离文档流指脱离标准文档流。标准文档流如要实现很好的页面布局时，就需要使用浮动或定位的方式去改变默认情况下的 HTML 文档结构。本节我们主要讲解浮动布局。

1. 浮动

浮动的字面意思就是元素漂浮在页面上，这样元素脱离了默认的文档流，能够按照布局所需实现定位。当在页面布局时需要块级元素左右排列时，或者需要实现图文混排的效果时，都会用到浮动属性。

语法格式为：float：none || left || right

其中，none 为元素对象不浮动，left 为对象浮在左边，right 为对象浮在右边。值得注意的是，任何元素都可以设置浮动，并且浮动元素不管以前是块级元素还是行级元素，设置完浮动后都变成块级元素。

[例 5-10]：浮动元素的设置

代码如下：

```
<!DOCTYPE html>
<html>
  <head>
    <meta charset="utf-8">
    <title> 浮动 </title>
    <style type="text/css">
      div，span{
        height：20px；
        width：100px；
        border：1px solid；
      }
      .one{
        background-color： lightgreen；
      }
      .two{
        background-color： skyblue；
```

```
            float：left;
        }
        .three{
            float：right;
            background-color：lightblue;
        }
        .four{
            background-color：lightgray;
            width：100%;
            height：100px;
            line-height：30px;
        }
    </style>
</head>
<body>
        <div class="one">盒子 1</div>
        <div class="two">盒子 2</div>
        <div class="two">盒子 3</div>
        <span class="three">盒子 4</span>
        <span class="three">盒子 5</span>
        <div class="four">该盒子未设置浮动，与浮动的盒子一起实
    现文字包围图片等盒子，实现图文混排的效果。</div>
    </body>
</html>
```

结合图 5-11 及示例代码，可以看出尽管 <span> 是行级元素，但设置为 float 属性后，呈现块级元素特性；相邻的两个对象设置为左浮动时，按

照顺序依次从左向右排列；相邻的两个对象设置为右浮动时，则按照顺序依次从右向左排列；由盒子 2、3、4、5 的位置可以看出，它们是悬浮在下面的灰色盒子上的。这是因为浮动元素不再占用文档流的空间，而是浮动在标准文档流上面，在标准文档流中，盒子 1 的后面就是灰色大盒子，而浮动元素浮动的位置是它们前面未浮动元素的后面，也就是灰色盒子上。同时从四个浮动的盒子与灰色盒子中的文字间的位置关系可以看出，文字包围着浮动对象，实现了图文混排的效果。

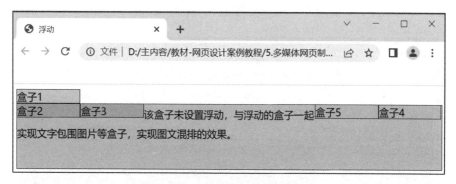

图 5-11　浮动及图文混排效果

2. 清除浮动

由图 5-11 可以看出，浮动的 4 个盒子与灰色盒子的位置出现了重叠，如果在页面布局中不想重叠该怎么办呢？这就需要用到清除浮动。

语法格式为：clear：none ‖ left ‖ right ‖ both

其中，none 允许元素的两边都可以有浮动对象，left 不允许元素的左边有浮动对象，right 不允许元素的右边有浮动对象，both 不允许元素的两边有浮动对象。

[例 5-11]：清除浮动的设置

（在例 5-10 的基础上继续添加代码）

增加的代码如下：

.four{

```
        background-color：lightgray；
        width：100%；
        height：100px；
        line-height：30px；
        clear：both；
    }
```

由图 5-12 结合代码可以看出，当灰色盒子元素设置了 clear：both 属性后，灰色盒子不再与四个盒子位置重叠。

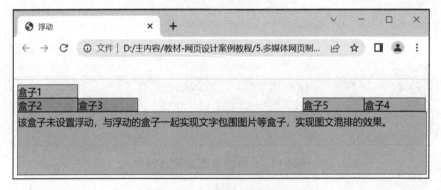

图 5-12　清除浮动效果

3. 应用浮动和清除浮动实现页面的简单布局

在应用浮动和清除浮动实现页面的布局时，需要注意的是父元素的空间位置与子元素的大小关系，如果父元素空间不够子元素浮动时，可能会出现未按预期实现的页面排布。

[例 5-11]：浮动和清除浮动的简单布局应用

代码如下：

```
<!DOCTYPE html>
<html>
    <head>
```

```
<meta charset="utf-8">
<title> 浮动与清除浮动应用 </title>
<style type="text/css">
  *{
    margin：0；
    padding：0；
  }
  .main{
    width：750px；
    height：500px；
    padding：10px；
    box-sizing：border-box；
    background-color：lightgray；
  }
  .header{
    width：730px；
    height：30px；
    background-color：gold；
  }
  .contentLeft{
    width：200px；
    height：400px；
    float：left；
    background-color：skyblue；
  }
  .contentMiddle{
```

```
        width：300px；
        height：400px；
        float：left；
        background-color：lightpink；
    }
    .contentRight{
        width：230px；
        height：400px；
        float：left；
        background-color：lightgreen；
    }
    .footer{
        width：730px；
        height：50px；
        background-color：lightyellow；
        clear：both；
    }
  </style>
</head>
<body>
  <div class="main">
   <div class="header"></div>
   <div class="contentLeft"></div>
   <div class="cententMiddle"></div>
   <div class="contentRight"></div>
   <div class="footer"></div>
```

　　　　</div>

　　</body>

</html>

　　如图 5-13 左图为以上代码实现后的效果，是我们常用的三栏型网页布局样式。如果没有很好的计算好各个盒子的大小，例如将 cententMiddle 部分属性更改为 width：400px 和 height：200px，将 cententRight 部分属性更改为 height：300px 后，则由于三个浮动的盒子宽度加起来大于父元素 main 设置的宽度，那么右边盒子就会在下一行的位置上左浮，但由于左边的盒子高度大于中间的盒子，那么右边的盒子就会靠着左边的盒子在中间盒子的下面浮动；而如果继续将 contentLeft 部分属性更改为 height：200px 时，则左边和中间的盒子一样高，则右边盒子靠着最左边浮动。

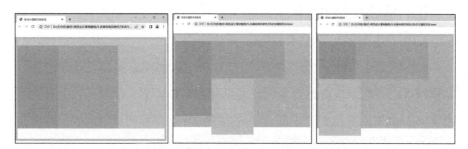

图 5-13　浮动与清除浮动应用布局效果

第六章　导航和表单页面设计与制作

一个完整的网站，导航栏是必不可少的，信息的收集也是网站与客户沟通的重要桥梁。本章将主要介绍如何利用 HTML 和 CSS 语言设计和制作超链接、导航栏和表单，在前几章网页的基础上实现导航页面和表单页面的制作。

6.1 导航页面设计

6.1.1 任务解析："流言榜"网页设计

[综合案例 6-1]："流言榜"是选取科学辟谣网上的流言条目制作。制作网页时，选取淡蓝色背景色，网页分上、中、下三个盒子，上边盒子放置 logo 和横向导航栏；中间盒子放置纵向导航栏和网页主内容，其中左侧为纵向导航栏，右侧为主内容，主内容用卷轴做背景图像，左侧为图像，图像为超链接，右侧为文字超链接，流言条目鼠标悬停时字体颜色和装饰变换；下边盒子放置联系方式和资料下载等信息。

本案例在多媒体网页制作的基础上，运用 HTML 的超链接和列表标签实现了导航栏和流言条目的设置，并运用 CSS 对列表和超链接样式进行了设计。本节内容在新内容的基础上，继续强化了对前面几章知识点的灵活运用。

图 6-1　流言榜网页效果

6.1.2 任务实现

在本次任务实现中，采用定义内部样式表的方式设置页面样式。

具体代码如下：

```
<!doctype html>
<html>
  <head>
    <meta charset="utf-8">
    <title> 科学网 </title>
    <style>
      * {
        margin：0;
        padding：0;
      }
      li{list-style：none；}/* 设置列表样式 */
      a{
        text-decoration：none；
```

```
        color：#555；
    }
    body {
      background-color：#B9D3EE；
      font-family："宋体"；
    }
    .bg{
      background：rgba（255，255，255，0.5）；
    }
    .header_main，.content，.footer{
      width：1000px；
      margin：0 auto；
    }
    .header_main{
      height：70px；
    }
    .header_main div {
      padding：0px 20px；
      float：left；
    }
    .header_main div img {
      width：100px；
    }
    .header_main ul li {
      float：left；
      width：100px；
```

```
height：40px；

background-color：rgba（255，255，255，0.7）；

border-radius：8px；

list-style：none；

margin：20px 10px 5px；

text-align：center；

line-height：40px；
}/* 设置横向导航栏样式 */
.header_main ul li a{

font-weight：bold；

}
.content{

clear：both；

width：1000px；

height：490px；

margin：5px auto；

}
.content_left{

width：240px；

height：466px；

background：#fff；

float：left；

margin：10px 10px 10px 20px；

border-radius：8px；

}
.content_left h2{
```

```
    height： 80px；

    line-height： 80px；

    background-color： #1689f5；

    border-radius： 8px 8px 0 0；

    font-family： " 黑体 "；

    color： #fff；

    text-align： center；

    }
.content_left li{

    height： 72px；

    line-height： 72px；

    text-align： center；

}/* 设置纵向导航栏样式 */
.header_main ul li.selected， .content .content_left ul li.selected{

    background-color： rgba（174， 198， 224， 0.5）；

    }
.content_left li a{

    font-size： 18px；

    font-weight： bold；

    }
.content_right {

    width： 710px；

    height： 475px；

    box-sizing： border-box；

    margin： 10px 5px；

    float： right；
```

padding： 60px 40px；

background： url（image/juanzhou_left.png） no-repeat left top，url（image/juanzhou_right.png） no-repeat right top， url（image/juanzhou_cen.png） no-repeat center center； /＊设置多个背景图像，采用"，"分割 ＊/

}

.content_right img {

float： left；

margin-right： 15px；

width： 250px；

border-radius： 8px；

}

.content_right h2 {

text-align： center；

color： #666；

padding-bottom： 20px；

font-family： " 黑体 "；

}

.content_right ul li {

height： 55px；

line-height： 55px；

}

.content_right span {

color： #CD2626；

}

.footer{

```
            height：50px；

            line-height：50px；

            text-align：center；

            }

        a：hover，a：active {

            color：#6495ED；

            text-decoration：underline；

        }/* 伪类选择符，设置 a 对象在鼠标悬停和激活时的样式表属性
*/

    </style>

</head>

<body>

    <div class="bg">

      <div class="header_main">

          <div><img src="image/logo.png"></div>

          <ul>

          <li><a href="#"> 前沿 </a></li>

          <li><a href="#"> 健康 </a></li>

          <li><a href="#"> 农业 </a></li>

          <li><a href="#"> 军事 </a></li>

          <li><a href="#"> 安全 </a></li>

          <li><a href="#"> 百科 </a></li>

          <li class="selected"><a href="#"> 辟谣 </a></li>

          </ul>

      </div>

    </div>
```

```
<div class="content">
 <div class="content_left">
   <h2> 辟     谣 </h2>
   <ul>
     <li class="selected"><a href="#"> 最新"科学"流言 </a></li>
     <li><a href="#"> 新冠肺炎疫情流言 </a></li>
     <li><a href="#"> 食品安全流言 </a></li>
     <li><a href="#"> 健康流言 </a></li>
     <li><a href="#"> 百科流言 </a></li>
   </ul>
 </div>
 <div class="content_right">
   <a href="#"><img src="image/beer.jpg" title=" 流言：冰的啤酒热
量会下降很多，可以放心喝。"></a>
   <h2> 最新"科学"流言榜 </h2>
   <ul>
     <li><span> 流言 1：</span><a href="#"> 冰的啤酒热量会下降
很多，可以放心喝。</a></li>
     <li><span> 流言 2：</span><a href="#"> 吃早餐易致血糖升高。
</a></li>
     <li><span> 流言 3：</span><a href="#"> 睡眠中突然抽搐一下，
可能有猝死风险。</a></li>
     <li><span> 流言 4：</span><a href="#"> 长期喝牛奶会导致乳
腺癌。</a></li>
     <li><span> 流言 5：</span><a href="#"> 西瓜又红又甜是因为
打了针。</a></li>
```

```
        <li><span> 流言 6: </span><a href="#"> 人的体质有酸碱之分。
    </a></li>
        </ul>
      </div>
    </div>
    <div class="bg">
    <div class="footer">
        <a href="mailto: XXX@1163.com"> 联 系 我 们 </a> 
     
        <a href="download.zip"> 下载资料 </a>
      </div>
    </div>
  </body>
</html>
```

6.1.3 知识点: HTML（超链接、列表标签）、CSS（列表样式、伪类选择符）

6.1.3.1 HTML 知识点补充

1. 超链接标签

超链接是指从一个网页指向一个目标的连接关系，这个目标可以是另一个网页，也可以是相同网页上的不同位置，还可以是一张图片、一个电子邮件地址、一个文件或一个应用程序。超链接是一个网站的精髓，通过超链接将各个网页链接在一起后，才能真正构成一个网站。

超链接必须至少包括两部分，一部分是锚点，另一部分是目标地址。锚点就是要创建超链接的热点位置，可以是文本或图片等，鼠标单击锚点，即可跳转到目标地址。

（1）创建锚点

创建锚点有多种方式，常用的主要是创建文本锚点和图像锚点。

第一种，创建文本锚点。

语法格式为：<a href="url" title=" 指向链接显示的文字 " target=" 窗口名称 "> 热点文本 </a>

其中，href 属性用来指定链接的目标地址，也就是路径，如果要创建一个不链接到其他位置的空超链接，可用 "#" 代替 url；title 属性用来指定鼠标悬停在热点文本上时显示的文字；target 属性设定超链接被单击后打开超链接窗口的方式，见表 6-1。

表 6-1　target 属性的取值及说明

属性值	说明
_blank	在新窗口中打开目标文档
_self	默认值，在当前的窗口打开目标文档
_parent	在父框架集中打开目标文档
_top	在整个窗口中打开目标文档

第二种，创建图像锚点

语法格式为：<a href="url" title=" 指向链接显示的文字 " target=" 窗口名称 "><img src=" 图像文件 URL 路径 "></a>

（2）目标地址 url

目标地址可以为多种形式。

第一种，绝对 url 的超链接。简单来讲，就是一个网站站点或网页的绝对路径。例如，<a href="http：//www.baidu.com"> 热点文本 </a>

第二种，相对 url 的超链接。在网站的不同页面中创建超链接时，可以采用相对路径创建当前页面与其他页面间的链接。例如，<a href=" 目标文件名 .html"> 热点文本 </a>。

第三种，同一页面的超链接，也叫书签链接。当网页篇幅太长，需要浏览者拖动滚动条翻页时，可以创建书签链接来实现网页特定内容的跳转。创建书签链接需要两步：

第一步是创建书签，语法格式为：<a name = " 书签名 "> 文字、图片、或视频等 </a>。这是创建的超链接要跳转到的页面起始位置；

第二步是创建书签链接，如创建同一页面内的书签链接，则语法格式为：<a href="# 书签名 "> 热点文本 </a>；如创建其他页面内的书签链接，则语法格式为：<a href=" 目标文件名 .html# 书签名 "> 热点文本 </a>。其中目标文件名 .html 就是要跳转的其他页面，而 # 书签名就是进一步要调转到的其他页面的具体位置。

[例 6-1]：书签超链接的创建

在综合案例 5-2（命名为 index.html）的视频 HTML 代码部分添加书签，代码如下：

```
<div class="vid"><a name="vid"><video src="video/v1.mp4" controls poster="image/pic3.jpg"/></a></div>
```

创建一个网页，创建书签链接，代码如下：

```
<!DOCTYPE html>
<html>
  <head>
    <meta charset="utf-8">
    <title> 书签链接 </title>
  </head>
  <body>
    <a href="index.html#vid" target="_blank"> 跳转到 "重温经典" 网页的视频页面 </a>
  </body>
```

</html>

图 6-2 左图中单击热点文本后，浏览器在新的窗口中打开命名为 index.html 的网页，并且页面显示的起始位置为书签设置的视频位置处。

图 6-2　书签超链接效果

第四种，下载文件的超链接

如果网页可以提供资料下载，就需要为资料文件提供下载链接。资料文件可以为 .zip、.rar、.mp3、.exe 等，单击热点文本时就会下载相应的文件。其语法格式为：<a href=" 文件路径 "> 热点文本 </a>。

例如，如图 6-3，综合案例 6-1 中点击下载资料就会弹出下载链接保存。

图 6-3　单击下载文件超链接的效果

第五种，电子邮件的超链接

网页中电子邮件地址的超链接，允许浏览者将信息以电子邮件的形式发送给电子邮件的接受者。当用户单击电子邮件链接后，系统会自动启动默认的电子邮件软件，打开一个邮件窗口。其语法格式为：<a href="mailto：E-mail 地址 "> 热点文本 </a>。

2. 列表标签

列表以结构化的方式提供信息，使相关内容以整齐划一的方式显示，使得文档结构清晰明确。列表主要有两种类型，无序列表和有序列表。

（1）无序列表

无序列表中各个列表项间没有顺序级别之分，通常使用一个项目符号作为每个列表项的前缀。创建无序列表时，主要使用 HTML 的 <ul> 标签和 <li> 标签。其中 <ul> 标签表示一个无序列表的开始，<li> 标签表示每个列表项。具体语法格式为：

<ul type=" 符号类型 ">

    <li type=" 符号类型 "> 项目一 </li>

    <li type=" 符号类型 "> 项目二 </li>

    <li type=" 符号类型 "> 项目三 </li>

    …

</ul>

其中，type 属性值为：disc 是默认值，为实心圆；circle 为空心圆；square 为实心方块。

[例 6-2]：无序列表标签的应用

代码如下：

```
<!DOCTYPE html>
<html>
  <head>
    <meta charset="utf-8">
```

```
    <title> 无序列表 </title>
  </head>
<body>
    <h2> 前沿 </h2>
    <ul>
     <li> "垃圾 DNA"，关乎衰老与癌症 </li>
     <li> 新 AI 工具，助力功能性电子材料的发现 </li>
     <li> 人造离子神经元，未来电子记忆方向？ </li>
    </ul>
    <h2> 百科 </h2>
    <ul type="circle">
     <li> 气候变暖导致极端天气频发 </li>
     <li type="square">450 年不降解，乱丢弃口罩危害到底有多大？
  </li>
     <li type="disc"> 鸟的嗅觉厉害吗？也就比狗强一点，比人强亿
点吧 </li>
     <li> 植物晚上在干啥？吐水给敌人的敌人"屯粮"</li>
    </ul>
  </body>
</html>
```

图 6-4 结合以上代码可知，如不设置 type 属性时，则默认的标记符是实心圆，如在 <ul> 标签中设置 type 属性时，则 <li> 标签继承 <ul> 标签的属性值，而 <li> 若单独设置 type 属性时，则只影响该列表项的样式。

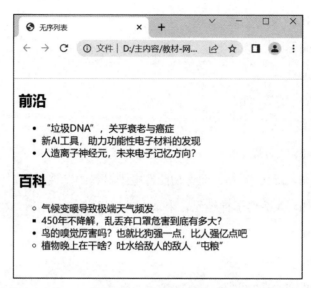

图 6-4　无序列表标签

（2）有序列表

有序列表是由特定顺序的列表项的集合。有序列表采用编号如数字、英文字母或罗马字母等为前缀，表明列表项间的前后顺序。创建有序列表时，主要使用 HTML 的 <ol> 标签和 <li> 标签。其中 <ol> 标签表示一个有序列表的开始，<li> 标签表示每个列表项。具体语法格式为：

<ol type=" 符号类型 ">

　　<li> 项目一 </li>

　　<li> 项目二 </li>

　　<li> 项目三 </li>

　　…

</ol>

其中，type 的属性值为："1" 为默认值，表示阿拉伯数字（1、2、3、4…）；"a" 表示小写英文字母（a、b、c、d…）；"A" 表示大写英文字母（A、B、C、D…）；"i" 表示小写罗马字母（i、ii、iii、iv…）；"I" 表示大

写罗马字母（Ⅰ、Ⅱ、Ⅲ、Ⅳ…）。

[例 6-3]：有序列表标签的应用

（在无序列表代码的基础上修改）

代码如下：

```
<body>
    <h2> 前沿 </h2>
    <ol>
     <li>…</li>
     <li>…</li>
     <li>…</li>
    </ol>
    <h2> 百科 </h2>
    <ol type="I">
     <li>…</li>
     <li>…</li>
     <li>…</li>
     <li>…</li>
    </ol>
</body>
```

图 6-5 结合以上代码可知，如不设置 type 属性时，则默认的标记符是阿拉伯数字，如在 <ol> 标签中设置 type 属性时，则 <li> 标签继承 <ol> 标签的属性值。

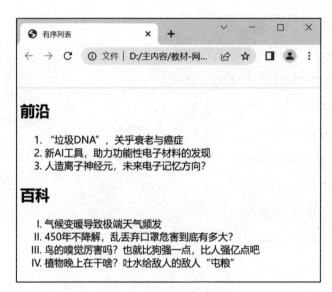

图 6–5　有序列表标签

（3）嵌套列表

嵌套列表是指在一个列表项中嵌套另一个列表，形成多个层次的列表。有序列表和无序列表不仅可以自身嵌套，还可以互相嵌套。

[例 6–4]：嵌套列表的设置

（在例 6–3 有序列表代码的基础上修改）

代码如下：

```
<body>
  <ul>
    <li> 前沿
    <ol>
      <li>…</li>
      <li>…</li>
      <li>…</li>
    </ol>
```

```
    </li>
    <li> 百科
     <ol type="I">
      <li>…</li>
      <li>…</li>
      <li>…</li>
      <li>…</li>
     </ol>
    </li>
   </ul>

  </body>
```

如图 6-6 所示，可以看出采用了嵌套列表后，页面的层级结构更清晰。

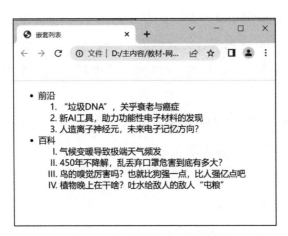

图 6-6　嵌套列表效果

6.1.3.2 CSS 知识点补充

1. 列表样式

在 CSS 中，主要通过 list-style-type、list-style-image、list-style-position 和 list-style 来设置列表样式，见表 6-2。

表 6-2　常用的 CSS 列表属性

属性	说明
list-style-type	设置列表项的符号类型
list-style-image	将图像设置为列表项符号
list-style-position	设置列表项符号的位置
list-style	复合属性，把前三个属性放在一个声明中

（1）list-style-type

语法格式为：list-style-type： disc || circle || square || decimal || upper-alpha || lower-alpha || upper-roman || lower-roman || none

其中，disc、circle、square 设置的样式同 HTML 中无序列表 type 属性值；decimal 为阿拉伯数字，upper-alpha 为大写英文字母，lower-alpha 为小写英文字母，upper-roman 为大写罗马字母，lower-roman 为小写罗马字母，这几个属性值同有序列表 type 属性值；none 为不显示任何符号，因为列表默认情况下是有表项符号的，因此如不需要符号，就需要设置 list-style-type：none。

[例 6-5]：列表项符号类型的设置

（在例 6-4 嵌套列表代码的基础上修改）

增加 CSS 代码：

ul{list-style-type：none；}

ol{list-style-type：upper-alpha；}

.special{list-style-type：circle；}

HTML 代码修改部分：

<li class="special"> 百科…</li>

由图 6-7 浏览器显示效果，结合代码可以看出，如果 CSS 选择器选择的是 <ul> 和 <ol> 标签的话，那么列表样式应用到整个列表中，如果单独

选择某个 <li> 标签进行样式设置的话，那么该样式只应用到此列表项。值得注意的是，不管是无序列表还是有序列表，都可以设置列表类型中的任何属性值，那么无序列表和有序列表除了赋予文本语义外，其样式间的区别是不需要考虑的。

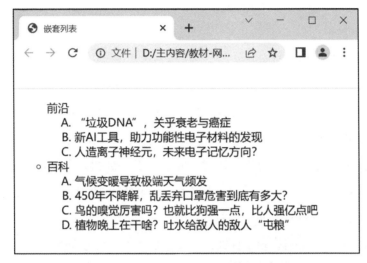

图 6-7 list-style-type 样式设置效果

（2）list-style-image

语法格式为：list-style-image：url || none

其中，none 为默认值，无图像显示；url 指定图像路径，将图像设置为列表项符号。

[例 6-6]：列表项符号类型设置为图像样式

（在例 6-5 案例代码的基础上修改）

修改 CSS 代码：

.special{

  list-style-image：url（image/ic.jpg）；

  list-style-type：disc；

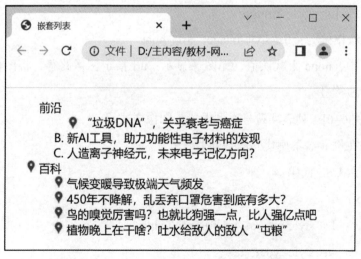

```
        }
    .spec{
        padding-left：20px；
        background：url（image/ic.jpg） no-repeat left center；
        list-style-type：none；
        }
```

HTML 代码修改部分：

<li class="spec">"垃圾 DNA"，关乎衰老与癌症 </li>

由图 6–8 浏览器显示效果，结合代码可以看出，同时设置 list-style-image 和 list-style-type 时，优先显示的是图像，如果图像无法显示时，则显示 list-style-type 设置的符号样式，并且其下一级的列表样式也是优先显示图像样式。在代码中，同时为类名为 spec 的列表项用背景属性设置了背景，实现了与 list-style-image 比较相同的效果。对比两种设置方式可以看出，采用 list-style-image 设置的小图标位置是默认的，无法调整位置，而通过背景属性设置小图标的话，是可以通过 padding-left 进行位置设置的。

图 6–8　list-style-image 样式设置效果

（3）list-style-position

语法格式为：list-style-position： outside || inside

其中，outside 为默认值，设置列表项符号被放置在文本以外，且环绕文本不根据标记对齐。inside 设置列表项目标记被放置在文本以内，且环绕文本根据标记对齐。

[例 6-7]：列表项符号位置的设置

（在例 6-6 案例代码的基础上修改）

修改 CSS 代码：

```
li{
    border： 1px solid；
    list-style-position： inside；
    }
.special{
    list-style-image： url（image/ic.jpg）；
    list-style-type： disc；
    list-style-position： outside；
    }
```

由图 6-9 浏览器显示效果，结合代码可以看出，每个列表项都设置了边框突出文本位置，百科前面的符号是采用 outside 属性值生成的样式，列表项符号被放置在文本以外；而其他列表项是 inside 生成的样式，列表项目标记被放置在文本以内。

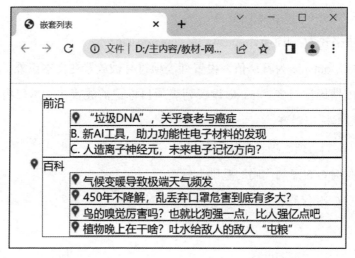

图 6-9　list-style-position 样式设置效果

（4）list-style

语法格式为：list-style：　list-style-type || list-style-image || list-style-position 复合属性，可以同时设置一至三个属性。

例如将百科的样式更改为 .special{list-style：url（image/ic.jpg）　disc outside；}，其浏览器效果如图 6-9 所示，与单独设置三个属性效果一致。

2. 伪类选择符

伪类是一种特殊的选择符，用于定义元素的特殊状态。伪类选择符的语法是在原有选择符后加一个伪类，格式为：选择符: 伪类 { 属性: 属性值; }

伪类是在 CSS 中定义好的，可以解释为对象在某个特殊状态下的样式常用的伪类，可以为用户在使用页面的过程中增加更多的交互效果。常用的伪类见下表 6-3。

表 6-3　常用伪类及说明

伪类	说明
: link	选择未访问的链接
: visited	选择所有已访问的链接

伪类	说明
：hover	选择鼠标指针悬停其上的元素
：active	选择被激活的元素，即按下鼠标左键但未松开时
：focus	选择获取光标焦点的元素（主要用于表单元素样式的设定）

其中，应用最为广泛的伪类是用在标签 <a> 定义其几种状态：a：link、a：visited、a：hover、a：active。需要注意的是，a：hover 样式要设置在 a：active 前面，否则 a：active 设置的样式会失效。其他元素对伪类的应用在第二小节介绍。

[例 6-8]：超链接伪类选择符的设置

代码如下：

```
<!DOCTYPE html>

<html>

  <head>

    <meta charset="utf-8">

    <title> 超链接伪类选择符 </title>

    <style type="text/css">

    a：link{

    border：1px solid blue；

    background-color：lightblue；

    font-size：20px；

    padding：5px；

    color：#111；

    text-decoration：none；

    }
```

```
        a：hover{
            color：#DA70D6；
            text-decoration： underline；
        }
        a：active{
            color：#CD8500；
            background-color：white；
        }
        a：visited{
            color：#ccc；
        }
        </style>
    </head>
    <body>
        <a href="#">前沿 </a>
        <a href="#">健康 </a>
        <a href="#">农业 </a>
    </body>
</html>
```

图 6-10 超链接伪类选择符样式设置效果（从左到右图片依次为：超链接未访问时样式效果、鼠标指针悬停在超链接上时的样式效果、超链接被激活时的样式效果、所有超链接已访问的样式效果）

6.2 表单页面设计

6.2.1 综合任务："用户注册"页面设计

[综合案例6-2]："用户注册"页面主要用于收集用户的信息用于注册。制作网页时，取淡蓝色背景色，网页分上、下两个个盒子，上边盒子放置 logo 和横向小导航栏；中间盒子放置表单主内容，其中提示语位于左侧，表单内容位于右侧，两侧内容居中对齐。表单元素获得光标焦点时边框颜色发生变化，并且加 * 标记的表单为必填项，如图 6-11。

本案例主要运用 HTML 的表单标签实现了表单页面的设置，并运用 CSS 样式对表单进行了设计。本节内容在新内容的基础上，继续强化了对前面几章知识点的灵活运用。

6-11　"用户注册"网页效果

6.2.2 任务实现

在本次任务实现中，采用外部样式表的方式设置网页样式。

具体代码如下：

1. HTML 代码：

```
<!DOCTYPE html>
<html>
  <head>
    <meta charset="utf-8">
    <title></title>
    <link rel="stylesheet" type="text/css" href="style.css">
  </head>
  <body>
    <div class="header">
      <div class="left">
        <img src="image/logo.png">
      </div>
      <div class="right">
        <a href="#"> 帮助 </a>        |        
        <a href="#"> 反馈 </a>
        <a href="#"><img src="image/pin.png"></a>
      </div>
    </div>
    <div class="main">
      <h1> 欢迎注册用户账号 </h1>
        <form name="biaoti" action="http：//www.baidu.com"
```

method="post">

    `<p><label for="username"><span>*</span>` 用户名：`</label><input type="text" id="username" class="box" name="username" placeholder="` 请输入 6 位字母 `" required="required" autofocus="autofocus"></p>`

    `<p><label for="pass"><span>*</span>` 密　码：`</label><input type="password" id="pass" class="box" minlength="6" maxlength="18" placeholder="` 请输入 6-18 位字母与数字组合 `" required="required"></p>`

    `<p><label for="gender">` 性　别：`</label><input type="radio" id="gender" name="gender" value="male" checked>` 男

    `<input type="radio" name="gender" value="female">` 女

    `</p>`

    `<p><label for="age">` 年　龄：`</label><input type="number" id="age" class="box" name="age" min="0" max="100" placeholder="` 请输入您的年龄 `"></p>`

    `<p><label for="email"><span>*</span>` 邮　箱：`</label><input type="email" id="email" name="email" class="box" required="required" placeholder="` 请输入您的邮箱 `"></p>`

    `<p><label for="tel"><span>*</span>` 手机号码：`</label><input type="tel" id="tel" name="tel" class="box" required="required" placeholder="` 请输入您的手机号码 `"></label></p>`

    `<p class="lot"><label for="like"><span>*</span>` 感兴趣领域：`</label><input type="checkbox" id="like"name="like" value="` 前沿 `" checked="checked">` 前沿

    `<input type="checkbox" name="like" value="` 健　康 `" checked="checked">` 健康

```
        <input type="checkbox" name="like" value=" 农业 "> 农业
        <input type="checkbox" name="like" value=" 军事 "> 军事
    </p>
    <p class="lot special"><input type="checkbox" name="like"
value=" 安全 "> 安全
        <input type="checkbox" name="like" value=" 百科 "> 百科
        <input type="checkbox" name="like" value=" 辟谣 "> 辟谣
    </p>
    <p class="check">
        <input type="checkbox" name="check" value="check"
required="required">        同 意 <a
href="#">《服务条款》</a>、<a href=" # ">《隐私政策》</
a><a href="#"> 和《儿童隐私政策》</a>
    </p>
    <p class="sub">
    <input type="submit" value=" 立即注册 ">
    </p>
    </form>
    </div>
    </body>
</html>
```

2．CSS 代码：

注：CSS 文件命名为 style.css，和 HTML 代码文件放在同一文件夹下。

```
* {
    margin： 0；
    padding： 0；
```

```
        }
body {
    background：#eff8ff；
    font-size：15px；
    }
.header {
    height：70px；
    padding：0 30px；
    color：#999；
    font-size：14px；
    background-color：rgba（255，255，255，0.7）；
    }
.header .left {float：left；}
.header .left img {height：70px；}
.header .right {
    margin-top：30px；
    float：right；
    }
.header .right a {
    color：#999；
    text-decoration：none；
    }
.header .right img {height：14px；}
.header .right a：hover，.header .right a：active {color：#333；}
.main{
    width：500px；
```

```
        margin：0 auto；

        margin-top：5px；

        background-color：rgba（255，255，255，0.5）；

        border-radius：10px；

        box-shadow：0px 0px 4px #3399FF；

      }

.main h1{

    padding：10px；

    font-family："宋体"；

    text-align：center；

    color：#39F；

    }

.main span{

    color：red；

    padding：5px；

    }

.main form p{

    width：490px；

    height：42px；

    font-size：18px；

    }

.main form p label{

    display：inline-block；        /* 改变 label 标签为行内块级元素 */

    width：130px；

    text-align：right；

    }
```

```css
.main form p input.box{
    margin：5px；
    margin-top：20px；
    width：350px；
    height：35px；
    border：1px solid #CCC；
    border-radius：4px；
    padding-left：10px；
    font-size：12px；
    box-sizing：border-box；
     color：#999；
    outline：none；        /* 设置元素周围的轮廓不出现 */
    }
.main form p input{
    margin：30px 5px 0px 10px；
    font-size：18px；
    }
.main form p input[value=female]{margin-left：100px；}
/* 属性选择符，属性 value 为 female 的 input 元素 */
.main form p input[type=checkbox]{
    margin-left：10px；
    margin-right：5px；
    }
.main form p.special{
    padding-left：130px；
    }
```

```
.main form .check{

   font-size：14px；

   color：#888；

   text-align：center；

   }

.main form .check a{

   color：#666；

   text-decoration：none；

    }

.main form .check a：hover，.main form .check a：active{text-decoration：underline；}

.main form p input：focus{border：2px solid #00F；}

/* 伪类选择器，选中 input 元素获取光标焦点时 */

.main form p.sub{

   text-align：center；

   height：85px；

   }

.main form p input[type=submit]{

   background：#39F；

   color：#fff；

   width：200px；

   height：40px；

   line-height：40px；

   font-size：20px；

   border-radius：8px；

   box-shadow：0 0 1px blue；
```

　　　　}

　　.main form p input[type=submit]：hover{background：#00F；}

　　/* 伪类选择器，选中属性 type 为 submit 的 input 元素鼠标悬停时 */

　　6.2.3 知识点：HTML（表单标签、表单元素、<label> 标签）、CSS（伪类选择符、属性选择符、display 属性、outline 属性）

　　6.2.3.1 表单标签

　　表单是用来收集用户提交到服务器端信息的栏目，可以提供可输入或选择的项目。在一个网页中可以包含多个表单，每个表单必须包含两个基本组成部分：表单标签、表单元素。

　　1. 表单标签

　　表单标签 <form> 用于创建供用户输入的表单，其定义了表单采集数据的范围，并处理和传送表单结果。语法格式为：

　　<form name=" 表单名 " action="URL" method="get || post">

　　　…

　　</form>

　　其中，name 属性用于定义表单的名字，是定义表单的唯一识别码；action 属性用来指定表单处理的方式，也就是用户点击提交按钮后，用户输入的信息由 action 的属性值所指定的服务器端程序来接受数据，其属性值一般为 E-mail 地址或网址；method 属性定义表单数据的传送方法，post 方法将会在传送表单信息的数据包中包含名称 / 键值对，且这些信息是用户不可见的。get 方法是将名称 / 键值对加在 action 的 URL 后面，并把所生成的 URL 传送至服务器，这些信息是用户可见的。post 方法与 get 方法相比传送安全性更高，且传送数据量较大，因此一般推荐使用 post 方法进行数据传送。

　　2. 表单元素

　　在 <form></form> 标签对内可以存放各种表单元素，如文本域、按钮等。

常用的表单元素有 <input>、<select> 和 <textarea> 等。

（1）<input> 元素

<input> 元素是表单中最常用的元素，用来定义用户输入数据的输入字段。其语法格式为：

<input type=" 表项类型 " name=" 表项名 " value=" 定义值 " size ="x" required>

其中，<input> 常用属性较多，可以进行不同控制表项，见表 6-4。

表 6-4　6<input> 元素常用属性及说明

属性	说明
type	必选项，指定表项的类型（text、password、radio、checkbox、hidden、submit、reset、button、image、email、url、number、tel、date 等）。
name	必选项，设置表项的名称，在处理表单时起作用。
size	设置输入字段中的可见字符数。
maxlength	设置允许输入的最大字符数目。
checked	当页面加载时是否预先选择该 <input> 元素（适用于 type="checkbox" 或 type="radio"）。
step	设置输入字段的合法数字间隔。
max	设置输入字段的最大值。
min	设置输入字段的最小值。
required	设置该表项为必填项。
pattern	设置输入字段值的模式或格式。
readonly	设置字段的值无法修改。
placeholder	设置输入字段的提示语。
autocomplete	设置是否使用输入字段的自动完成功能。

续表

属性	说明
autofocus	设置输入字段在页面加载时是否获得光标焦点（不适用于 type="hidden"）。
disabled	当页面加载时是否禁用该 <input> 元素（不适用于 type="hidden"）。
value	对于不同的输入类型，value 属性的用法也不同，其中，type="button" 或 "reset" 或 "submit" 时，定义按钮上的显示的文本；type="text" 或 "password" 或 "hidden" 时，定义输入字段的初始；type="checkbox" 或 "radio" 或 "image" 时，定义与输入相关联的值。同时，该属性在 type="checkbox" 或 "radio" 时为必选项。

type 属性用来说明提供给用户进行信息输入的类型，如文本框、密码框、单选钮、复选框、隐藏域、按钮等，常用 type 属性的属性值见表 6–5。

表 6–5　input 元素 type 属性值及说明

type 属性	说明
text	设置单行文本框，定义输入字段为单行文本，输入文本以标准字符显示。
password	设置密码框，定义输入字段为密码，输入文本显示为"*"。
radio	设置单选钮，单选钮形状是圆形。同一组单选钮的表项名必须一样，这样才能实现只选择一个表项。value 属性值为必选项，用于定义与输入相关联的值。
checkbox	设置复选框，复选框形状为正方形。同一组复选框的表项名也必须一样，同一组复选框可以进行多项选择。value 属性值为必选项，用于定义与输入相关联的值。
hidden	定义隐藏域。隐藏域在页面中对于用户是不可见的，在表单中插入隐藏域的目的在于收集或发送信息，以便被处理表单的程序所使用。
submit	定义提交按钮，可以将填写在文本域中的内容发送给服务器。
reset	定义重置按钮，可以将表单输入框的内容返回初始值。

续表

type 属性	说明
button	定义普通按钮，可以制作用于触发事件的按钮。
image	定义图片按钮，使用图片制作一个提交按钮。
email	定义输入字段为电子邮件，当用户提交表单时，会自动验证输入 email 的合法性。
url	定义输入字段为 URL 地址，当用户提交表单时，会自动验证输入 url 值的合法性。
number	定义输入字段为数字，当用户提交表单时，会自动验证输入数值的合法性。
tel	定义输入字段为电话号码，当用户提交表单时，会自动验证输入电话号码的合法性。
date	定义输入字段为日期，可以选择年、月、日。
month	日期时间选择器，可以选择年、月。
week	日期时间选择器，可以选择年、周。
time	日期时间选择器，可以选择（小时和分钟）。
datetime	日期时间选择器，可以手动输入日、月、年、时间（UTC 世界标准时间）。
datetime-local	日期时间选择器，可以选择日、月、年、时间（当地时间）。

[例 6-9]：<input> 元素的应用

代码如下：

```
<!doctype html>

<html>

<head>

  <meta charset=" utf-8 " >

  <title> 表单 </title>
```

```
<style>
   input[type=image]{
     width：60px；
     height：30px；
   }
</style>
</head>
<body>
   <h2> 用户注册 </h2>
   <form name="biaodan" action="http://www.baidu.com" method="get">
      <p> 用户名：<input type="text" name="username" placeholder=" 请
输入 6 位字母 " ></p>
      <p>密码<input type="password" id="pass" maxlength="6"
autofocus="autofocus"></p>
      <p>性别：<input type="radio" name="gender" value="male"
checked="checked"> 男
      <input type="radio" name="gender" value="female"> 女
      </p>
      <p>爱好：<input type="checkbox" name="like" value="音乐"
checked="checked"> 音乐
      <input type="checkbox" name="like" value="上网"
checked="checked"> 上网
      <input type="checkbox" name="like" value="足球"
checked="checked"> 体育
      </p>
      <p>邮箱：<input type="email" name="email" required="required"
```

autofocus="autofocus" ></p>

  <p> 博客地址：<input type="url" name="url" value="http：//blog.sina.com.cn/abc123" disabled></p>

  <p> 年 龄：<input type="number" name="age" min="0" max="100"></p>

  <p> 出生日期：<input type="date" name="date"></p>

  <p> 毕业时间：<input type="month" name="month"></p>

  <input type="hidden" name="hidden" value="hidden">

  <input type="submit" value=" 上传 ">

  <input type="reset">

  <input type="button" onClick="alert（'触发事件'）">

  <input type="image" src="image/timg.jpg">

</form>

</body>

</html>

通过上面的代码示例，结合图 6-12 可以看出：由于 <input> 元素是行内块级元素，所以多个 <input> 元素可以同列一行；最好在每个表项前或后加入名称，以告诉浏览者表项中应该输入的内容，如果是文本框的话，也可以通过设置 placeholder 属性进行提示；表项设置了 autofocus 属性在页面加载时会自动获取光标焦点，如多个表项设置该属性，则以第一个设置的为准；checked 属性在单选钮同 name 属性值的表项中最好只设置一个，如多个表项设置，则以最后设置的为准，而复选框同 name 属性值的表项可以多个甚至全部设置 checked 属性；如表项设置了 required 属性，则该表项为必填项，否则无法提交表单（图 6-12 上中图）；数字输入框只能输入数字，如设置最大小值的话，在提交时会进行值大小的验证（图 6-12 上右图）；提交和重置按钮有默认按钮上显示的文字，如需修改，可

以设置 value 属性值，普通按钮没有默认按钮上显示的文字，因此必须设置 value 属性值，图 6-12 下图显示的是点击普通按钮触发了 alert 事件。

图 6-12　<input> 元素效果

（2）<select> 元素

表单中如需设置多个选择项目，占用空间较多时，可以使用 <select> 元素设置下拉式菜单或带有滚动条的菜单，用户可以在菜单中选中一个或多个选项。<select> 语法格式为：

<select name=" 表项名 " size="x" mutiple>

  <option value=" 定义值 1" selected="selected"> 选项 1

  <option value=" 定义值 2"> 选项 2

  <option value=" 定义值 3"> 选项 3

  …

</select>

其中，<select> 元素的 name 属性是必选项，设置选择栏的名称；multiple 属性为可选项，如果选择该属性时，则允许用户在选择栏中选择多项（按住 Ctrl 按钮来选择多项），如果不选的话，则默认是单选；size 属性的值为数字，如值大于 1，则选择栏为带有滚动条的菜单，size 属性

值的大小为菜单的显示项数目，如 size 值为 1（默认值），则选择栏为下拉式菜单。

  <option> 元素的 value 属性为必选项，用来定义与输入相关联的值；selected 属性类似于 input 元素的 checked 属性，用来设置当页面加载时是否预先选择该选项。

  [例 6-9]：<select> 元素和 <option> 元素的应用

  代码如下：

```
<!DOCTYPE html>
<html>
  <head>
    <meta charset="utf-8">
    <title>select 表项 </title>
  </head>
  <body>
    <form name="ABC" action="http://www.163.com" method="post">
      居住过的城市：<select name="liveCity" size="4" multiple="multiple">
        <option value="beijing" selected="selected"> 北京 </option>
        <option value="shanghai" selected="selected"> 上海 </option>
        <option value="shenzhen" selected="selected"> 深圳 </option>
        <option value="nanjing"> 南京 </option>
        <option value="xian"> 西安 </option>
      </select>
      出生城市：<select name="birthCity">
        <option value="beijing" selected="selected"> 北京 </option>
        <option value="shanghai"> 上海 </option>
```

```
        <option value="shenzhen"> 深圳 </option>
        <option value="nanjing"> 南京 </option>
        <option value="xian"> 西安 </option>
    </select>
    </form>
  </body>
</html>
```

通过上面的代码示例，结合图 6-13 可以看出：第一个选择栏带有滚动条的菜单，<select> 的 size 属性设置为 4，则菜单栏显示数目为 4，同时该选择栏设置了 multiple，因此可以进行多选，由于前三项都设置了 selected 属性，因此页面加载后预先选择了这三项；第二个选择栏为下拉式菜单，<select> 的 size 属性未设置，点击下拉栏右侧的小三角，则列表弹出。

图 6-13　<select> 元素和 <option> 元素效果

（3）<textarea> 元素

表单中如果需要输入大量的文字，可以使用 <textarea> 设置多行文本框。<textarea> 的语法格式为：

<textarea name=" 表项名 " rows=" 行数 " cols=" 列数 ">

初始文本内容

<textarea>

其中，name 为必选项，定义多行文本框的名称；cols 设置可显示的列数，rows 设置可显示的行数，如文本内容超过设置的行数，那么可通过拖动滚动条查看。

[例 6–10]：<textarea> 元素的应用

代码如下：

```
<!DOCTYPE html>
<html>
  <head>
    <meta charset="utf-8">
    <title>textarea 表项 </title>
  </head>
  <body>
    <form name="ABC" action="http://www.163.com" method="post">
      注意：<textarea name="word" rows="10" cols="10" readonly="readonly"> 思维整理也是思维创新过程，很多新思想都是在思维整理过程中发现的。当把不同认知模式整合在一起时，会发现它们之间存在的空白和缝隙，这些地方就是新思想和新知识的生长点。</textarea>
    </form>
  </body>
</html>
```

通过上面的代码示例，结合图 6–14 可以看出：由于初始文字内容较多，而设置的属性 rows 值较小，无法显示全部内容，那么文本框右侧就会出现滚动条。同时，由于本案例设置了 readonly 属性，那么该多行文本框无法输入文字，只能阅读初始内容。

图 6-14　<textarea> 元素效果

3.<label> 标签

默认情况下标注名称和输入框是没有关联关系的，也就是说点击标注名称输入框不会聚焦。<label> 标签是一种表单控件，没有任何特殊效果，它为 <input> 元素定义标注名称，触发对应表项控件功能，让用户在点击标注名称时对应的表项输入框聚焦，使用户体验更好。

其语法格式为：

<label for="id 名 "> 标注名 </label><input type=" 表项类型 " name=" 表项名 " id="id 名 ">

其中，<label> 标签的 for 属性值应当与相关 <input> 元素的 id 属性值相同。

[例 6-11]：<label> 标签的应用

代码如下：

<!DOCTYPE html>

<html>

```
<head>
    <meta charset="utf-8">
    <title>label 标签 </title>
</head>
<body>
    <form name="ABC" method="get" action="http://www.163.com">
        <label for="username"> 用 户 名：</label><input type="text"
id="username" name="username"/><br/>
        <label for="tel"> 密 码：</label><input type="password"
name="pass"><br/>
        电话：<input type="tel" name="tel" id="tel">
    </form>
</body>
</html>
```

通过上面的代码示例，结合图 6-15 可以看出：左图单击"用户名"时，光标聚焦在其 for 属性值与相同 id 属性值关联的单行文本框上；右图单击"密码"时，光标聚焦在其 for 属性值与相同 id 属性值关联的电话号码输入框上。这表明不管位置如何，只要 <label> 标签 for 属性值与 <input> id 属性值相同，即可实现关联。

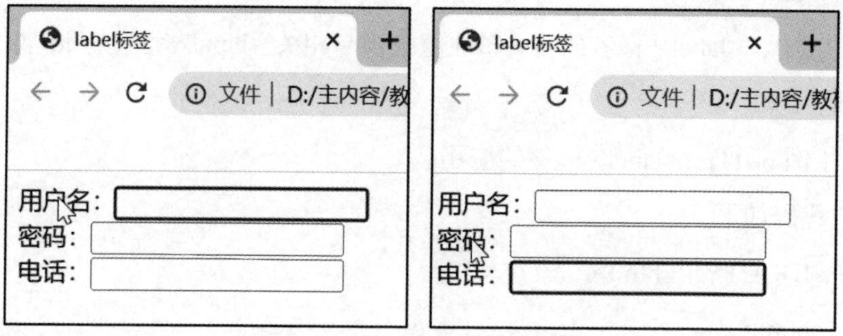

图 6-15   <label> 标签效果

6.2.3.2 CSS 语法补充

1. 伪类选择符补充

除了超链接 <a> 标签外，伪类选择符也可以应用到其他页面元素中。页面元素伪类选择符常见的有：选择符：hover、选择符：active、选择符：focus。

[例 6-12]：页面常见伪类选择符的设置

代码如下：

```
<!DOCTYPE html>
<html>
  <head>
    <meta charset="utf-8">
    <title> 页面元素伪类选择符 </title>
    <style type="text/css">
      input{
        outline： none;
        border： 1px solid;
      }
      input： hover{
        border： 1px solid blue;
      }
      input： focus{
        border： 2px solid green;
      }
      input： active{
        border： 1px solid red;
      }
```

```
        div{
          height：50px；
          width：100px；
          border：1px solid；
        }
        div：hover{
          background-color：red；
        }
        div：active{
          background-color：blue；
        }
      </style>
    </head>
    <body>
      <p> 表单元素：<input type="text" /></p>
      <div>div 标签 </div>
    </body>
  </html>
```

  图 6-16 上左图为网页未交互时的效果，上中图为鼠标悬停在表单元素上时的样式，上右图为表单元素激活时的样式，下左图为表单元素获得光标元素时的样式，下中图为鼠标悬停在 <div> 元素上时的样式，下右图为 <div> 元素激活时的样式。值得注意的是，在设置表单交互样式时，由于激活和获得光标焦点几乎同时发生，因此一般设置获得光标焦点就可以；同时，如要分别设置的话，需要：focus 设置在：active 之前，否则：focus 设置的样式会覆盖：active 设置的样式。

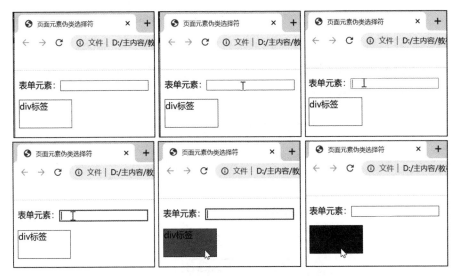

图 6-16　页面元素伪类选择符效果

2. 属性选择符

属性选择符主要作用是对带有指定属性的元素进行样式设置，这样就能够在不设置 class 名或 id 名的情况下比较精确的定位到目标元素上。属性选择符的语法格式为：

选择符 [属性选择符]{ 属性：属性值；}

其中，属性选择符可以匹配 HTML 文档中元素定义的属性、属性值或属性值的一部分。本文只介绍前两种属性选择符。

（1）属性名选择符

属性名选择符用于存在属性的匹配，通过匹配存在的属性来定位元素进行控制元素的样式。语法格式为：

选择符 [属性]{ 属性：属性值；}

[例 6-12]：属性名选择符的设置

（在例 6-9 案例的基础上添加代码）

添加 CSS 代码：input[type]{background-color：#ccc；}

当采用属性名选择符定位到具有 type 属性的 <input> 标签，设置了背景颜色样式后，由图 6–17 页面效果可以看出，所有具有 type 属性的表单项可以设置背景颜色的其颜色都呈现灰色，这表明采用属性名选择符实现了比较精确的样式设置。

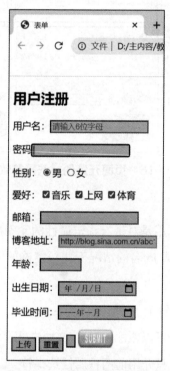

图 6–17　属性名选择符效果

（2）属性值选择符

属性值选择符用于更精确属性的匹配，只有当属性值完全匹配指定的属性值时才会应用样式。

[例 6–13]：属性值选择符的设置

（在例 6–12 示例的基础上添加 CSS 代码）：

input[type=text]{background-color：#fff；}

当采用属性值选择符定位到具有 type 属性为 text 的 <input> 标签，设置了背景颜色为白色的样式后，由图 6-18 页面效果可以看出，第一个表项的背景颜色呈现白色，这表明采用属性值选择符实现了精确的样式设置。

图 6-18 属性值选择符效果

3. display 属性

前面章节已经介绍了 HTML 标签的元素类型有块级元素、行级元素和行内块级元素等，各个标签都有默认的元素类型。CSS 可以通过 display 属性来改变元素默认的显示类型。

语法格式为：display： block ‖ inline ‖ inline-block ‖ none

其中，block 为块级元素，通过 display 将元素设置为块级元素后，不论该元素以前是什么元素类型，它将具有块级元素的所有特点；inline 为行级元素，通过 display 将元素设置为行级元素后，其具有行级元素的特点；inline-block 为行内块级元素，元素设置后其具有行内块级元素的特点；none 属性值表示隐藏并取消盒模型，其元素包含的内容不会被浏览器解析和显示。并且通过把元素设置为 display：none，元素的页不会占用文档中的空间。

4. outline

轮廓（outline）是绘制于元素周围的一条线，位于边框边缘的外围，可起到突出元素的作用。轮廓与边框（border）的区别主要为：

（1）边框可应用于几乎所有的 HTML 元素，而轮廓是针对链接、表单控件和 image 等元素设计。

（2）边框不占用空间，不会额外增加元素的宽和高。

（3）在默认情况下，边框的效果会随着元素的聚焦而自动出现，随着失去焦点而自动消失。

outline 设置轮廓的样式，其语法格式为：

outline：outline-width outline-style outline-color

其中，outline-width、outline-style、outline-color 三个属性值与 border 的三个属性值相似，而且 outline-width、outline-style、outline-color 也可以进行单独设置样式。如果元素有默认的轮廓样式，可以通过设置 outline：none 使 outline 属性无效。

[例 6-14]：边框轮廓的设置

（在例 6-13 示例的基础上添加 CSS 代码）

添加 CSS 代码：

input[type=text]：focus{outline：none；}

input：focus{border：2px solid green；}

在对互动效果进行样式设置时，由于表单元素获取光标焦点时默认出现轮廓线，如果同时设置了 border 属性的话，就会使边框和轮廓效果重叠，未达到预先设置效果（如图 6-19 左图），如果对表项设置了：focus 的样式为 outline：none 时，那么当该元素获得光标焦点时，轮廓线消失，边框线效果更清楚（如图 6-19 右图）。

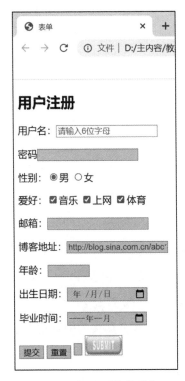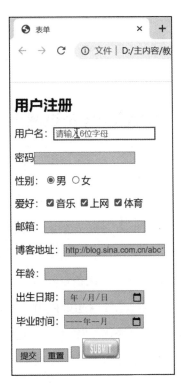

图 6-19 outline 属性效果

第七章　多彩网页效果设计

7.1 网页的定位及过渡设计

7.1.1 任务解析："乐学学堂"首页页头设计

[综合案例 7-1]："乐学学堂"首页定位某学堂网站的首页，本案例是制作首页的页头部分。制作网页时，背景为一张图片，页头部分内容定位在网页的最上方。页头左侧为超链接的 logo 图片；中间部分为主内容，分成三部分，分别放置"概况""院系"和"服务"三个导航条目，鼠标悬停在每个条目时，该条目变宽，其他两个条目相应变窄；右侧放置另一个导航栏，鼠标悬停时超链接出现下划线。如图 7-1。

本案例主要采用 CSS 中的盒定位实现了网页页头的固定定位，并运用过渡属性设置了主内容的交互效果。

图 7-1　"乐学学堂"首页网页效果

7.1.2 任务实现

在本次任务实现中，将 CSS 代码放在 HTML 的头部，采用定义内部样式表的方式设置页面样式。

具体代码如下：

```
<!doctype html>
<html>
<head>
    <meta charset="utf-8">
    <title> 乐学学堂 </title>
<style>
    *{
      margin：0;
      padding：0;
      }
    .logo{
      width：100%;
```

```
        height：96px；

        background：url（image/top-trans-bg.png）；

        position：fixed；        /* 设置固定定位 */

        left：0；        /* 设置固定定位元素的水平位置 */

        top：0；        /* 设置固定定位元素的垂直位置 */

        }
.nav{

        width：1200px；

        height：96px；

        margin：0 auto；

        }

.nav .logo_nav{

        float：left；

        width：300px；

        }

.nav .main .sty{

        float：left；

        width：200px；

        height：36px；

        transition：width 0.5s；    /* 设置过渡属性和过渡持续时间 */

        }
.nav .about{

        background：#ab8a6c url（image/summ.png）no-repeat；

        }
.nav .schools{

        background：#ccb18e url（image/deps.png）no-repeat；
```

```
        }
    .nav .service{
        background：#948173 url（image/service.png） no-repeat；
        }
.nav .nav_nav{
    float：left；
    background：#ffe1c1；
    width：299px；
    height：36px；
    line-height：36px；
    text-align：center；
    font-size：12px；
    }
.nav .nav_nav a{
        color：#593939；
        text-decoration：none；
        margin：5px；
        }
    .nav .nav_nav a：hover{
        text-decoration：underline；
        }
.image img{
    width：100%；
    height：80%；
    }
    .nav .main：hover .sty{
```

```
            width：150px；
            }
        .nav .main .about：hover{
            background：#ab8a6c url（image/summ.png）no-repeat 0px
    -36px；
            width：300px；
            }
        .nav .main .schools：hover{
            background：#ccb18e url（image/deps.png）no-repeat 0px
    -36px；
            width：300px；
            }
        .nav .main .service：hover{
            background：#948173 url（image/service.png）no-repeat 0px
    -36px；
            width：300px；
            }
</style>
</head>
<body>
    <div class="logo">
        <div class="nav">
        <div class="logo_nav"><a href="#"><img
    src="image/logo.jpg"></a></div>
        <div class="main">
        <div class="about sty"></div>
```

```
        <div class="schools sty"></div>
        <div class="service sty"></div>
      </div>
      <div class="nav_nav">
       <a href="#"> 学生 </a>

|

       <a href="#"> 教职工 </a>

|

       <a href="#"> 校友 </a>

|

       <a href="#"> 访客 </a>
      </div>
    </div>
  </div>
  <div class="image">
     <img src="image/bg.jpg">
  </div>
</body>
</html>
```

7.1.3 知识点：CSS（盒子的定位、过渡属性）

7.1.3.1 盒子的定位

在前面章节中介绍了使用浮动脱离文档流的方法，本节继续讲解使用定位脱离文档流的方法。定位就是允许某个元素脱离其原来标准文档流的正常位置，通过设置其相对于父元素、某个特定元素或浏览器窗口本身的位置而实现特定位置的定位。其语法格式为：

position： static || relative || absolute || fixed || sticky

其中：

static 为静态定位，无特殊定位，是默认值；

relative 为相对定位，定位元素是相对于其正常位置进行定位；

absolute 为绝对定位，定位元素是以离它"最近"的一个"已经定位"的"祖先元素"为基准进行定位；

fixed 为固定定位，定位元素是相对于浏览器窗口进行定位，这意味着即使滚动页面，它也始终位于同一位置；

sitcky 是粘性定位，定位元素会根据滚动位置在相对定位和固定定位之间切换。起先它会被相对定位，直到在浏览器窗口中遇到给定的定位位置为止，然后将其固定在适当的位置。

元素的位置都是由 left、right、top、bottom 属性进行定位的。

1. 元素位置定位

语法格式为：

left：length

right：length

top：length

bottom：length

其中，length 是由数字和单位标识符组成的长度值或百分数，可以为负值；left 设置的是距参考元素的左侧边的距离，right 设置的是距参考元素的右侧边的距离，top 设置的是距参考元素的上边的距离， bottom 设置的是距参考元素底边的距离；若值为正数，则该值是从参考元素内部位置计算至参考边的距离，若值为负值，则相反。

同时，需要注意的是，只有 position 属性值为 absolute、relative、fixed 或 sticky 时，元素位置设定才生效，并且 left 和 right 只设定其中一个属性，以此来确定水平方向的偏移量；top 和 bottom 也只设定其中一个属性，以此来确定垂直方向的偏移量。

2. 相对定位

相对定位的元素并未脱离标准文档流，只是在文档流原来的位置上进行一定的位置偏移。并且虽然该元素移动到其他位置，但其仍占据原来文档流中的位置，因此该元素会部分覆盖标准文档流中相邻元素的位置（图7–2）。同时，虽然都是脱离标准流，与浮动属性不同，相对定位不会改变元素的类型，也就是若元素原来为行级元素，设置为相对定位后，该元素仍然具有行级元素的特征，无法设置宽高等。

[例 7–1]：元素相对定位的设置

代码如下：

```
<!DOCTYPE html>
<html>
  <head>
    <meta charset="utf-8">
    <title> 相对定位 </title>
    <style type="text/css">
      .father{
        height：250px；
        width：250px；
        background-color：lightblue；
      }
      .one，.two{
        width：100px；
        height：100px；
        text-align：center；
      }
      .one{
```

```
            background-color：rgba（0，0，0，0.5）；
            position： relative；
            left：10px；
            top：10px；
            font-size：30px；
            }
        .two{
            background-color： #abc；
            }
    </style>
</head>
<body>
    <div class="father">
        <span class="one"></span>
        <div class="two"></div>
    </div>
</body>
</html>
```

　　由上面的代码可知，class 名为 one 的盒子设置了相对定位，偏移位置分别是水平向右移动 10px，垂直向下移动 10px。由于相对定位元素在标准文档流中占据的位置不变（图 7-2 右图虚线框所示位置），因此，class 名为 two 的盒子位置没有发生变化，那么盒子 one 和盒子 two 就会发生部分重叠，并且相对定位的元素位于页面的最上层（图 7-2）。

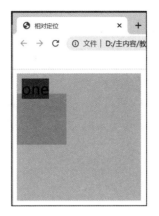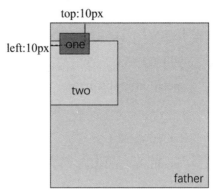

图 7-2 相对定位浏览器效果（左图）及元素位置示意图（右图）

3. 绝对定位

绝对定位与相对定位不同，其定位的元素从标准文档流中脱离出来，不再占用标准文档流的任何位置，相对于"已经定位"的父级或祖先元素进行定位。如果绝对定位的元素没有祖先元素被定位，它将使用文档主体（body）为基准，并随页面滚动一起移动。

[例 7-2]：元素绝对定位的设置

代码如下：

```
<!DOCTYPE html>
<html>
  <head>
    <meta charset="utf-8">
    <title> 绝对定位 </title>
    <style type="text/css">
     .father_one，.father_two，.father_three，.father_four {
      height： 180px；
      width： 180px；
      background-color： rgba（0，0，255，0.5）；
```

```
  border：1px solid；
}
.father_two {
  position：absolute；
}
.father_three {
  position：relative；
}
.son{
  height：150px；
  width：150px；
  background-color：rgba（0，255，0，0.5）；
}
.one，.two，.three {
  width：100px；
  height：100px；
  text-align：center；
}
.one {
  background-color：rgba（0，0，0，0.5）；
  position：absolute；
  right：50px；
  top：50px；
  font-size：30px；
}
.three{
```

```
      background-color： rgba（0，0，0，0.5）;

      position： absolute;

      right： 50px;

      bottom： 50px;

      font-size： 30px;

    }

    .two {

      background-color： #abc;

    }

  </style>

</head>

<body>

  <div class="father_one">

   <span class="one">one</span>

   <div class="two">two</div>

    1

  </div>

  <div class="father_two">

   <span class="one">one</span>

   <div class="two">two</div>

       2

  </div>

  <div class="father_three">

   <div class="son">

     <span class="one">one</span>

     <div class="two">two</div>
```

```
              3
    </div>
  </div>
  <div class="father_two">
    <div class="son">
      <span class="one">one</span>
      <div class="two">two</div>
                  4
    </div>
  </div>
  <div class="father_one">
    <span class="three">three</span>
    <div class="two">two</div>
    1
  </div>
  <div class="father_one">
  </div>
</body>
</html>
```

结合代码和图 7-3 可以看到：

（1）class 名为 father_one 的盒子未设置定位，它内部的 <span> 元素设置为绝对定位后，具有块级元素的特点，能够设置宽高（见图 7-3 上图）；

（2）若绝对定位元素的父级元素没有设置定位，其将依据浏览器窗口发生位移：第一个 father_one 的盒子的 <span> 子元素从浏览器最上边向下 50px，从浏览器最右边向左 50px（示意图见图 7-3 下左图），第二个 father_one 盒子的 <span> 子元素偏移到浏览器的右下角；

（3）class 名为 father_two 和 father_three 的盒子设置了定位，其内部的 <span> 子元素尽管父级元素没有设置定位，但都其以第一个靠近的它的祖先元素为准，不论祖先元素是相对定位还是绝对定位，其都以祖先元素进行定位（示意图见图 7-3 下右图）；

（4）从内部有 2 和 3、1 和 4 的盒子的定位来看，绝对定位元素是脱离标准流的，即使其没有设置偏移位置，其在标准文档流中的位置都会被关闭，在 HTML 文档中后面的元素会上移到绝对定位元素原有位置上，并且从图中几个盒子的层级关系来看，静态定位的层级低于绝对定位的层级，相对定位的层级最高，显示在最上层（见图 7-3 上图）；

（5）绝对定位元素若以文档主体（body）为基准，将随页面滚动一起移动（见图 7-3 上右图）。

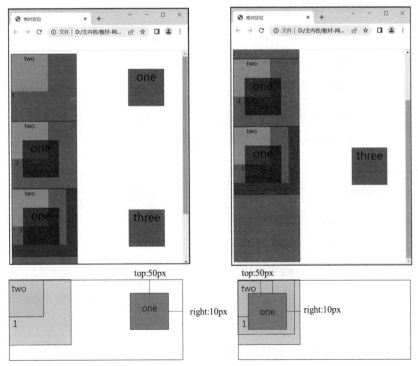

图 7-3 绝对定位浏览器效果（上图）及元素位置示意图（下图）

4. 固定定位

固定定位是绝对定位的一种特殊形式，是以浏览器窗口为参照物来定义元素的，但与绝对定位不同的是，固定定位元素脱离标准文档流后，始终以浏览器窗口定位位置，且不管浏览器滚动条如何滚动，或者浏览器窗口大小如何变化，其始终显示在浏览器窗口的固定位置上。

[例 7-3]：元素固定定位的设置

代码如下：

```
<!DOCTYPE html>
<html>
  <head>
    <meta charset="utf-8">
    <title> 固定定位 </title>
    <style type="text/css">
      .father{
        width：200px；
        height：1000px；
        background-color：lightgreen；
      }
      .pat{
        width：100px；
        height：100px；
        border：1px solid；
      }
      .one{
        background-color：#ccc；
      }
```

```
        .two{
          background-color：#06e；
          position：fixed；
          top：50px；
          right：50px；
        }
        .three{
          background-color：#6e0；
          position：fixed；
          bottom：50px；
          right：50px；
        }
    </style>
  </head>
  <body>
    <div class="father">
      <div class="one pat">1</div>
      <span class="two pat">2</span>
      <div class="three pat">3</div>
      <div class="one pat">4</div>
    </div>
  </body>
</html>
```

由图 7-4，结合以上代码可知：

（1）元素只要设置了固定定位，就具有块级元素的特点；

（2）固定定位元素以浏览器窗口为参考点，不管如何移动滚动条，盒子 2 和盒子 3 的位置都没有发生变化。

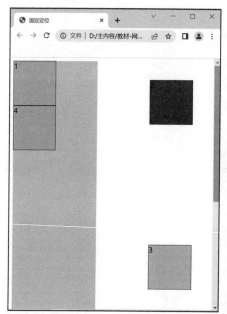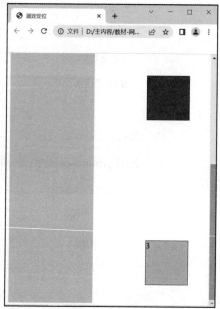

图 7-4　固定定位浏览器效果

5. 粘性定位

粘性定位是元素根据用户的滚动位置进行定位。与相对定位相似，粘性定位未脱离标准文档流，仍在文档流原来的位置上，并且不会改变定位元素的类型。滚动条滚动时，当元素到达参照浏览器窗口定义的位置时，元素就会被粘住。值得注意的是，粘性定位元素只是相对于父级元素具有粘性，也就是父级元素是粘性定位元素的容器，一旦滚动条滚动至容器外面时，粘性不再发挥作用。

[例 7-4]: 元素粘性定位的设置

代码如下:

<!DOCTYPE html>

<html>

```
<head>
  <meta charset="utf-8">
  <title> 固定定位 </title>
  <style type="text/css">
  *{
    margin： 0；
    padding： 0；
  }
  .father_one， .father_two {
    width： 50%；
    height： 500px；
    background-color： lightgreen；
    text-align： right；
    border： 1px solid；
  }
  .father_two{
    width： 100%；
    height： 700px；
  }
  .pat {
    width： 100px；
    height： 100px；
    border： 1px solid；
  }
  .one {
    background-color： #ccc；
```

```
    }
    .two {
       background-color：#06e；
       line-height：30px；
       position：sticky；
       top：0px；
       right：50px；
    }
    .three {
       background-color：#f55；
       height：264px；
    }
    .four{
       background-color：#cc0；
       position：sticky；
       bottom：0px；
       left：50px；
    }
    .five{
       background-color：#c0c；
       position：sticky；
       top：0px；
       right：50px；
    }
  </style>
</head>
```

```
<body>
  <div class="father_one">
    <div class="one pat">1</div>
    <span class="two pat">2</span>
    <div class="three pat">3</div>
    <div class="four pat">4</div>
  </div>
  <div class="father_two">
    <span class="five pat">5</span>
    <div class="four pat">6</div>
  </div>
</body>
</html>
```

结合以上代码，分析图 7-5 可知：

（1）由 <span> 元素 2 和 <span> 元素 7 的位置可以看出，粘性定位的粘性容器是父级元素，但其定位的参考值是浏览器窗口，从水平方向上来看，若父级元素宽度小于浏览器窗口宽度时，其水平定位的 right 属性不会发挥作用；若父级元素宽度等于浏览器窗口宽度时，其水平定位的 right 属性可以发挥作用；

（2）由盒子 4 以及 <span> 元素 2 在图中位置可以看出，如滚动条滚动范围超过父级元素时，不论是定位在顶部还是定位在底部，粘性定位都不再发挥作用；

（3）由盒子 7 的位置来看，当其父级元素出现在浏览器窗口时，该盒子出现在父级盒子的最上端，同时也是浏览器的底部，随着滚动条的滚动，其粘在浏览器的底部，但当滚动条继续滚动时，盒子 7 随着滚动条开始向上移动，这是因为子元素在高度上没有撑满整个父级元素，那么当盒子7到达在文档流的原始位置后，其失去粘性，随着滚动条的滚动向上移动。这表明，尽管粘性定位参考值是浏览器窗口，但定位必须发生在父级元素中，同时，其在父级元素中的位置不能超过其原始的位置，也就是若设置底部粘性时，粘性可以发挥作用的范围就是滚动条滚动至其原始位置。

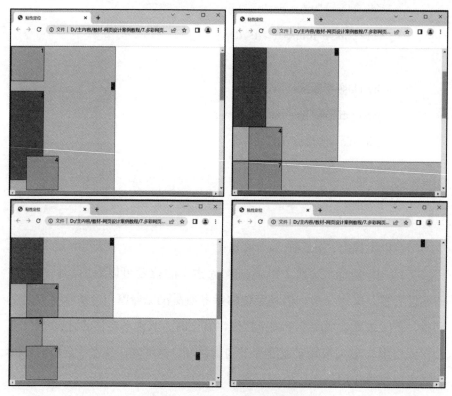

图 7-5　粘性定位浏览器效果

6. 定位的综合应用

[例 7-5]：元素定位的综合应用

（本案例是在综合案例 5-1 和综合案例 7-1 直接整合的基础上增加一些元素，实现对定位的综合运用）

HTML 代码：

```
<div class="logo">
  <div class="nav">
    <div class="logo_nav"><a href="#"><img src="image/logo.jpg"></a></div>
    <div class="news">
      <div class="about sty"></div>
      <div class="schools sty"></div>
      <div class="service sty"></div>
    </div>
    <div class="nav_nav">
      …
    </div>
  </div>
</div>
<div class="left_nav">
  <h3> 服务 </h3>
  <ul>
    <li class="select"><a href="#"> 学习加油站 </a> </li>
    <li><a href="#"> 服务中心 </a></li>
    <li><a href="#"> 信息公开 </a></li>
    <li><a href="#"> 联系我们 </a></li>
  </ul>
</div>
<div class="main">
  <div class="sub_nav">
    <h3>学习加油站 </h3>
```

```
        <ul>
            <li ><a href="#"> 古诗词 </li>
            <li><a href="#"> 文言文 </a> </li>
            <li><a href="#" class="select"> 现 代 诗 歌 </a><img src="image/
pin.png"> </li>
            <li><a href="#"> 现代文 </a></li>
            <li><a href="#"> 每日摘抄 </a></li>
        </ul>
    </div>
    <div class="header">
        <h1> 重温经典 </h1>
        <p class="mainTop"> 尽管时移境迁… </p>
    </div>
    <div class="mainMiddle">
        …
    </div>
    <div class="vid">… </div>
</div>
<div class="mainFooter"> … </div>
```

新增的 CSS 代码：

```
/* 将 class 名为 logo 的盒子设置为粘性定位，置顶 */
.logo {
    width： 100%；
    height： 96px；
    background： url（image/top-trans-bg.png）；
    position： sticky；  /* 设置粘性定位 */
```

```
        top：0；  /* 设置定位位置 */
    }
/* 将 class 名为 mainFooter 的盒子设置为固定定位，置底 */
    .mainFooter {
        width：100%；
        padding：20px；
        text-align：center；
        background-color：rgba（0，0，0，0.5）；
        position：fixed；
        bottom：0；
    }
/* 将 class 名为 left_nav 的盒子设置为固定定位，一直位于网页左侧 */
.left_nav{
        width：100px；
        background-color：#FFFBEE；
        border-radius：8px；
        position：fixed；  /* 设置固定定位 */
        left：10px；  /* 设置定位水平位置 */
        bottom：100px；  /* 设置定位垂直位置 */
        padding-bottom：20px；
    }
    .left_nav h3{
        color：#593939；
        font-size：22px；
        font-family：" 黑体 "；
        padding：10px；
```

```
    border-bottom： 3px solid #948173；
    }
.left_nav ul li{
    height： 30px；
    padding： 10px 10px 0px；
    border-bottom： 1px dashed #948173；
    }
.left_nav ul li.select{
    border-bottom： 2px dashed #948173；
    }
.left_nav ul li.select a{
    color： #593939；
    }
.left_nav ul li a{
    color： #E9D4B6；
    font-size： 16px；
    }
.left_nav ul li a： hover{
    color： #593939；
    }
.left_nav ul li： hover{
    border-bottom： 2px dashed #948173；
    }
/* 采用父盒子相对定位子盒子绝对定位的方式定位小图标位置 */
li{list-style： none； }
a{text-decoration： none； }
```

```
.sub_nav{

    height：50px；

    line-height：60px；

    background-color：#CCB18E；

    border-radius：10px 10px 0 0；

    }

.sub_nav h3{

    padding-left：30px；

    float：left；

    width：150px；

    color：#593939；

    font-size：24px；

    font-family："黑体"；

    }

.sub_nav ul li{

    float：left

    position：relative；/* 父元素相对定位 */

    }

.sub_nav ul li img{

    width：20px；

    position：absolute；/* 子元素绝对定位 */

    left：75%；

    top：10%；

    }

.sub_nav li a{

    display：block；
```

```
        width：100px；

        height：50px；

        line-height：60px；

        margin：0 5px；

        border-bottom：2px solid #ab8a6c；

        box-sizing：border-box；

        text-align：center；

        color：#383e33；

        font-size：20px；

    }

.sub_nav li a.select{

        border-bottom：4px solid #ab8a6c；

        color：#fff；

    }

.sub_nav li a：hover{

        border-bottom：4px solid #ab8a6c；

        color：#fff；

    }
```

　　本案例综合运用了粘性定位、固定定位、相对定位和绝对定位，结合图 7-6 来看：

　　（1）从页头和页底的定位效果可以看出，若元素原始位置就是页头和页底的话，则粘性定位和固定定位的效果相似；

　　（2）小图标使用了子元素绝对定位、父元素相对定位（子绝父相）的方法进行定位，这是考虑到后期的页面维护代码修改等因素，采用"子绝父相"的方法能够让子元素在这个父元素里面定位，不会跑到别的文档流里，而父元素采用了相对定位后，没有设置水平和垂直的位置设定，其原始位置不发生变化。在网页制作中，"子绝父相"是元素定位常用的一种方法。那么如何采用"子绝父相"让子元素在父元素种左右居中呢？首先设置子元素宽度，然后设置子元素绝对定位的 left 值为 50%，再设置子元素 margin-left 为子元素宽度的一半。

图 7-6 定位综合应用浏览器效果

7.1.3.2 过渡属性

通过 CSS3，我们可以在不使用 Flash 动画或 JavaScript 的情况下，当元素从一种样式变换为另一种样式时为元素添加渐显、渐弱、动画快慢等效果。实现过渡可以通过 transition-property、transition-duration、transition-timing-function、transtion-delay 或 transition 属性来实现，见表 7-1。

表 7-1　过渡属性

属性	说明
transition-property	规定设置过渡效果的 CSS 属性的名称。
transition-duration	规定完成过渡效果需要多少秒或毫秒。默认是 0。
transition-timing-function	规定速度效果的速度曲线。默认是 "ease"。
transtion-delay	定义过渡效果何时开始。默认是 0。
transition	复合属性，可以同时设置四个过渡属性。

1. transition-property 属性

语法格式为：transition-property： none || all || property

其中，none 表示没有属性会获得效果；all 表示所有属性都将获得过渡效果；property 定义应用过渡效果的 CSS 属性的名称列表，列表以逗号","分隔。

2. transition-duration

语法格式为：transition-duration： time

其中，如不设置 transition-duration 或值设为 0，则意味着不会有过渡效果。因此，要想实现过渡效果，必须设置时间大于 0。

3. transition-timing-function

语法格式为：transition-timing-function： ease || ease-in || ease-out || ease-in-out || linear

为过渡属性可选项。其中，ease 规定慢速开始，然后变快，然后慢速结束的过渡效果； ease-in 规定以慢速开始的过渡效果；ease-out 规定以慢速结束的过渡效果；ease-in-out 规定以慢速开始和结束的过渡效果；linear 规定以相同速度开始至结束的过渡效果。ease 和 ease-in-out 的区别为：ease 是慢速开始，然后快速变快，时间过半就开始缓慢减速，直到慢速结束的过渡效果；ease-in-out 是开始慢，然后匀加速到最大速度，保持这个速度一段时间，最后 1/3 时间再均匀减速至结束的过渡效果。

4. transtion-delay

语法格式为：transition-delay： time；

为过渡属性可选项。其中，transition-delay 规定在过渡效果开始之前需要等待的时间，以秒或毫秒计。

5. transition

语法格式为：transition： property duration timing-function delay

其中，这四个属性的顺序是固定的，不能随意颠倒。

要想实现元素的过渡效果，必须具有以下三点：（1）元素的属性必须设置前后的变化；（2）设置哪个属性需要执行过渡效果；（3）设置过渡效果持续时间。

[例 7-6]：元素过渡效果的设置

代码如下：

```
<!DOCTYPE html>
<html>
  <head>
    <meta charset="utf-8">
    <title> 过渡 </title>
    <style type="text/css">
     .father{
      width： 600px；
      height： 500px；
      border： 1px solid；
      background-color： #fff；
      cursor： pointer；  /* 设置鼠标悬停在盒子上时鼠标指针为手形
    */
```

```
    transition：background-color 3s；  /* 设置 background-color 属性
执行过渡效果，执行时间为 3 秒 */
    }
    .father：hover{
    background-color：#ccc；
    } /* 设置鼠标悬停在 class 名为 father 的大盒子时，其背景颜色
发生变化 */
    div {
    width：  50px；
    height：  50px；
    border：  1px solid；
    background-color：  lightblue；
    margin：  5px；
    font-size：  12px；
    }
    .father：hover .one{
    margin-left：  500px；
    }* 设置鼠标悬停在 class 名为 father 的大盒子时，class 名为 onc
的小盒子左外边距变为 500px*/
    .one {
    transition-property：  margin-left；  /* 设置 margin-left 属性执行
过渡效果 */
    transition-duration：2s；  /* 设置过渡效果执行时间为 2 秒 */
    transition-timing-function：  ease；  /* 设置过渡效果为 ease*/
    }
    .father：hover .two{
```

```
        margin-left：500px；

        background-color：pink；

    }* 设置鼠标悬停在 class 名为 father 的大盒子时，class 名为 two
的小盒子左外边距和背景颜色发生变化 */

    .two {

        transition-property：margin-left，background-color；/* 设 置
margin-left 和 background-color 属性执行过渡效果 */

        transition-duration：2s；/* 设置过渡效果执行时间为 2 秒 */

        transition-delay：1s；/* 设置过渡效果执行延迟 1 秒 */

        transition-timing-function：ease-in；/* 设置过渡效果为 ease-
in*/

    }

    .father：hover .three{

        margin-left：500px；

        background-color：pink；

        width：100px；

    }*/ 设置鼠标悬停在 class 名为 father 的大盒子时，class 名为
three 的小盒子左外边距、背景颜色、宽度发生变化 */

    .three {

        transition-property：margin-left，background-color； /* 设 置
margin-left 和 background-color 属性执行过渡效果 */

        transition-duration：2s；/* 设置过渡效果执行时间为 2 秒 */

        transition-delay：1s；/* 设置过渡效果执行延迟 1 秒 */

        transition-timing-function：ease-out；/* 设置过渡效果为 ease-
out*/

    }
```

```
.father：hover .four，.father：hover .five，.father：hover .six{
   margin-left：500px；
   background-color：pink；
   width：100px；
   height：100px；
```

}* 设置鼠标悬停在 class 名为 father 的大盒子时，class 名为 four、five、six 的小盒子左外边距、背景颜色、宽度和高度发生变化 */

```
.four {
   transition-property：all；/* 设置所有发生变化的属性执行过渡
效果 */
   transition-duration：2s；/* 设置过渡效果执行时间为 2 秒 */
   transition-delay：1s；/* 设置过渡效果执行延迟 1 秒 */
   transition-timing-function：ease-in-out；/* 设置过渡效果为
ease-in-out*/
   }
.five {
   transition：margin-left 2s linear 1s，background-color 2s linear
1s，width 3s linear 1s，height 3s linear 1s；/* 使用复合属性同时
```

设置 margin-left、background-color、height 属性执行过渡效果，持续时间分别设置为 2 秒 3 秒、3 秒，过渡效果设置为 linear、过渡效果执行延迟 1 秒 */

```
   }
.six {
   transition：all 2s；/* 使用复合属性设置所有发生变化的属性
```

执行过渡效果，持续时间为 2 秒 */

```
        }
    </style>
</head>
<body>
    <div class="father">
        <div class="one">ease 效果 </div>
        <div class="two">ease-in 效果 </div>
        <div class="three">ease-out 效果 </div>
        <div class="four">ease-in-out 效果 </div>
        <div class="five">linear 效果 </div>
        <div class="six"> 默认效果 </div>
    </div>
</body>
</html>
```

图 7-7 左上图为浏览器加载完页面后的效果，所有小盒子都位于大盒子的左侧，颜色为蓝色，当鼠标悬停到大盒子上时，图 7-7 右上图、左下图和右下图依次为过渡效果执行过程中的元素变化状态，结合案例代码，设置不同过渡效果后小盒子的运动轨迹和变化状态是不一样的。

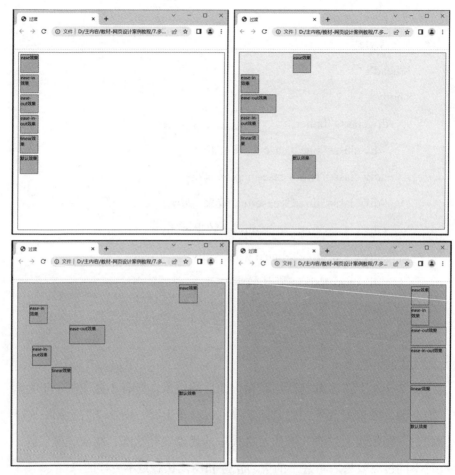

图 7-7　过渡应用浏览器效果

7.2 多彩网页设计

7.2.1 任务解析："博物馆页面"网页设计

[综合案例 7-2]："博物馆页面"参考了故宫网页元素进行设计。网页左边的三个盒子底层的图案一直在旋转，屋脊从右下角进入至最终位置，建筑文字在网页右侧，慢慢出现并逐渐变大至最终位置，如图 7-8，前三张图依次为页面加载后的动画过程，第四张图为最终页面效果，最后一张

图为鼠标悬停在小图标上时图标变大。

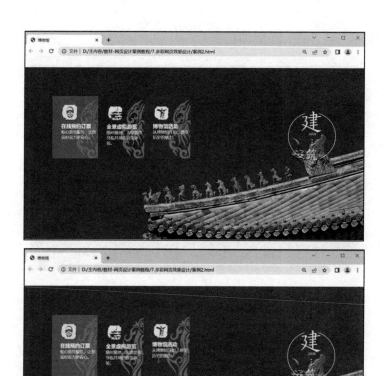

图 7-8 "博物馆页面"网页效果

7.2.2 任务实现

在本次任务实现中，采用定义内部样式表的方式设置页面样式。

具体代码如下：

```
<!doctype html>
<html>
  <head>
    <meta charset="utf-8">
    <title> 博物馆 </title>
```

```
<style>
 * {
   margin：0；
   padding：0；
 }
 .main_one {
   width：510px；
   height：218px；
   margin：100px；
 }
 .one {
   width：163px；
   height：218px；
   padding：30px 0px 0px 30px；
   box-sizing：border-box；
   float：left；
   position：relative；
   color：white；
   font-size：14px；
   font-family："微软雅黑"；
   font-weight：600px；
   overflow：hidden；   /* 设置隐藏溢出 */
   transition：transform 0.5s；   /* 设置所有 transfrom 属性都具有
过渡效果，过渡持续时间为 0.5 秒 */
 }
 .bg1 {
```

```
   background： rgba（149， 113， 65， 0.8）；
  }
 .bg2 {
  background： rgba（120， 32， 31， 0.8）；
  }
 .bg3 {
  background： rgba（90， 68， 70， 0.8）；
  }
 .one： hover {
  transform： translateY（-5px）；
 }/* 设置 class 名 one 的元素鼠标悬停时该元素偏移 y 轴距离
为 -5px*/
  .one .one_1 {
   position： relative；
   z-index： 5； /* 设置层叠顺序为第 5 层 */
  }
  .one .one_1 h2 {
   color： white；
   font-size： 18px；
   font-family： "微软雅黑 "；
  }
  .one .one_1 img {
   width： 60px；
  }
  .one>img {
   position： absolute；
```

```
    left：83px；

    top：0px；

    z-index：2；  /* 设置层叠顺序为第 2 层 */

    animation：move 10s linear infinite；  /* 设置调用名为 move 的
动画，执行时间为 10 秒，运动曲线为 linear，执行次数为无限次 */

    transform：rotate（360deg）；  /* 设置旋转 360 度 */

    transition：transform 1s；  /* 设置所有的 transfrom 属性都具有
过渡效果，过渡持续时间为 1 秒 */

    }

    .one .one_1 img: hover {

    transform：scale（1.2）；  /* 设置放大 1.2 倍 */

    }

    div.main {

    width：1200px；

    height：600px；

    margin：0 auto；

    background：#78201f；

    position：relative；

    overflow：hidden；  /* 设置隐藏溢出 */

    }

    div.main .jianzhu {

    position：absolute；

    top：150px；

    right：100px；

    animation：move1 3s ease-in；  /* 设置调用名为 move1 的动画，
执行时间为 3 秒，运动曲线为 ease-in */
```

```
     z-index：999；  /* 设置层叠顺序为第 999 层 */
  }
div.main .room {
  width：940px；
  height：549px；
  position：absolute；
  right：0px；
  bottom：0px；
  animation：move2 1.5s ease-out；   /* 设置调用名为 move2 的
动画，执行时间为 1.5 秒，运动曲线为 ease-out */
  }
@keyframes move {
  from {
  transform：rotate（0deg）；  /* 设置旋转 0 度 */
  } /* 设置动画的开始状态 */
  to {
   transform：rotate（360deg）；  /* 设置旋转 360 度 */
  } /* 设置动画的结束状态 */
} /* 定义动画名为 move 的关键帧 */
@keyframes move1 {
  from {
   transform：scale（0.1）；  /* 设置缩小 0.1 倍 */
   opacity：0；   /* 设置元素的不透明度为 0*/
  } /* 设置动画的开始状态 */
  to {
   transform：scale（1）；  /* 设置缩放倍数为 1 倍 */
```

　　　　opacity：1； /* 设置元素的不透明度为 1*/

　　　} /* 设置动画的结束状态 */

　　} /* 定义动画名为 move1 的关键帧 */

　　@keyframes move2 {

　　　from {

　　　　right：-940px； /* 设置定位的水平方向从右边开始向右

940px*/

　　　　bottom：-549px； /* 设置定位的垂直方向从底边开始向下

549px*/

　　　} /* 设置动画的开始状态 */

　　　to {

　　　　right：0px； /* 设置定位的水平方向距右边 0px*/

　　　　bottom：0px； /* 设置定位的垂直方向距底边 0px*/

　　　} /* 设置动画的结束状态 */

　　} /* 定义动画名为 move2 的关键帧 */

　</style>

</head>

<body>

　<div class="main">

　　<div class="main_one">

　　　<div class="one bg1">

　　　　<div class="one_1">

　　　　　<a href="#"><img src="image/pin1.png"></a>

　　　　　<h2> 在线预约订票 </h2>

　　　　　<p> 贴心票务服务，让您省时省力更省心。</p>

　　　　</div>

```
        <img src="image/whirl.png">
      </div>
      <div class="one bg2">
        <div class="one_1">
          <a href="#"><img src="image/pin2.png"></a>
          <h2> 全景虚拟游览 </h2>
          <p> 随时随地，为您提供身临其境的游览体验。</p>
        </div>
        <img src="image/whirl.png">
      </div>
      <div class="one bg3">
        <div class="one_1">
          <a href="#"><img src="image/pin3.png"></a>
          <h2> 博物馆活动 </h2>
          <p> 从博物馆开始，感受历史的魅力。</p>
        </div>
        <img src="image/whirl.png">
        </div>
      </div>
      <img class="jianzhu" src="image/word.png">
      <img class="room" src="image/room.png">
    </div>
  </body>
</html>
```

7.2.3 知识点：CSS（2D 转换属性、动画属性、opacity 属性、z-index

属性、overflow 属性）

7.2.3.1 2D 转换属性

CSS3 提供了 2D 转换（transforms），可以在不依赖图片、Flash 或 JavaScript 的情况下完成移动、旋转、缩放和倾斜等一系列效果，极大地提高了网页开发人员的工作效率和页面执行速度。

2D 转换属性主要包括两个属性：transform 和 transform-origin。其中，transform 主要设置元素的移动、旋转等形变，transform-origin 设置形变中心。

1. transform 属性

语法格式为：transform： none || transform-functions

其中，none 表示不设置转换效果，为 transform 的默认值；transform-functions 用于设置形变函数，可以是一个或多个形变函数列表，具体形变函数见表 7–2。

表 7–2　transform 的主要函数

函数	说明
translate（x，y）	沿着 X 轴和 Y 轴移动元素
translateX（n）	沿着 X 轴移动元素
translateY（n）	沿着 Y 轴移动元素
scale（x，y）	缩放转换，改变元素的宽度和高度
scaleX（n）	缩放转换，改变元素的宽度
scaleY（n）	缩放转换，改变元素的高度
rotate（angle）	旋转，在参数中规定角度
skew（x-angle，y-angle）	倾斜转换，沿着 X 和 Y 轴
skewX（angle）	倾斜转换，沿着 X 轴
skewY（angle）	倾斜转换，沿着 Y 轴

[例 7-7]：transform 属性的设置

代码如下：

```
<!DOCTYPE html>
<html>
  <head>
    <meta charset="utf-8">
    <title>transform 属性 </title>
    <style type="text/css">
      div{
        width：50px；
        height：50px；
        border：1px solid；
        background-color：rgba（0，0，0，0.2）；
        margin：0 100px；
      }
      .one{
        transform：translate（10px，10px）；  /* 设置向右移动 10 像素，向下移动 10 像素 */
      }
      .two{
        transform：translateX（10px）；  /* 设置向右平移 10 像素 */
      }
      .three{
        transform：translateY（10px）；  /* 设置向下平移 10 像素 */
      }
      .four{
```

```
    transform：scale（1.5，0.5）；  /* 设置宽度为原始大小的 1.5
倍，高度为原始大小的 0.5 倍 */
    }
    .five{
    transform：scaleX（1.5）；  /* 设置宽度为原始大小的 1.5 倍 */
    }
    .six{
    transform：scaleY（0.5）；  /* 设置高度为原始大小的 0.5 倍 */
    }
    .seven{
    transform：rotate（120deg）；  /* 设置旋转 120 度 */
    }
    .eight{
    transform：skew（20deg，30deg）  /* 设置沿 X 轴倾斜 20 度，
沿 Y 轴倾斜 30 度 */
    }
    .nine{
    transform：skewX（20deg）；  /* 设置沿 X 轴倾斜 20 度 */

    .ten{
    transform：skewY（30deg）；  /* 设置沿 Y 轴倾斜 30 度 */
    }
  </style>
</head>
<body>
  <div> 原始图形 </div>
```

续表

```
<div class="one">translate</div>

<div class="two">translateX</div>

<div class="three">translateY</div>

<div class="four">scale</div>

<div class="five">scaleX</div>

<div class="six">scaleY</div>

<div class="seven">rotate</div>

<div class="eight">skew</div>

<div class="nine">skewX</div>

<div class="ten">skewY</div>

    </body>

</html>
```

由图 7-9 所示，结合示例代码，可以看出 transform 设置不同函数后图形的变形效果。

需要注意的是，translate 函数可以同时设置水平方向（X 轴）和垂直方向（Y 轴）的移动距离，如只设置一个值，如 translate（50px），表明 X 轴和 Y 轴都移动 50px；scale 函数和 skew 函数亦如此，若只设一个值，如 scale(1.5)，表明元素整体(X 轴和 Y 轴方向)放大 1.5 倍; 如 skew(20deg)，表明沿着 X 轴和 Y 轴倾斜 20 度。

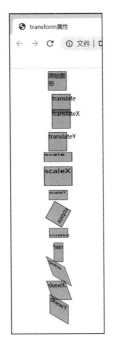

图 7-9　transform 不同形变函数效果

2. transform-origin 属性

transform-origin 配合 transform 的 rotate 函数设置形变中心点。

其语法格式为：transform-origin：x-axis y-axis；

其中，x-axis 和 y-axis 的值为百分数、长度值或 left、right、center、top、bottom 关键字，百分数、长度值可以为负值。默认情况下所有的元素都是以自己的中心点（50% 50%）作为参考点来旋转的，可以通过形变中心点属性 transform-origin 来修改 transform 的参考点。

[例 7-8]：形变中心点 transform-origin 属性的设置

代码如下：

```
<!DOCTYPE html>
<html>
    <head>
```

```
<meta charset="utf-8">
<title> 形变中心 </title>
<style type="text/css">
   .father{
      width： 100px；
      height： 100px；
      float： left；
      margin：20px；
      border： 1px solid；
   }
   .son{
      width： 50px；
      height：50px；
      border： 1px solid；
      background-color： rgba（0，0，0，0.3）；
      transform： rotate（45deg）；
   }
   .one{
      transform-origin： 0% 50%；  /* 设置以元素自身左上角计算，
宽度的 0%、高度的 50% 点为形变中心点 */
   }
   .two{
      transform-origin： left top；  /* 设置以元素自身水平方向为最
左边、垂直方向为最上边的点为形变中心点 */
   }
   .three{
```

```
        transform-origin：50px 50px；/* 设置以元素自身左上角计算，
    宽度的 50px 位置、高度的 50px 位置处的点为形变中心点 */
        }
      </style>
    </head>
    <body>
      <div class="father">
        <div class="son one"> 百分数 </div>
      </div>
      <div class="father">
        <div class="son two"> 关键字 </div>
      </div>
      <div class="father">
        <div class="son three"> 长度值 </div>
      </div>
      <div class="father">
        <div class="son four"> 未设置 </div>
      </div>
    </body>
</html>
```

结合示例代码和图 7-10 可知，transform-origin 的形变中心点是以自身元素左上角为参考点设置的偏移量。

我们通过对比百分数值与关键字间的关系，来明确百分数的含义：水平方向来看，0% 对应的关键字为 left，50% 对应的 center，100% 对应的 right；垂直方向来看，0% 对应的 top，50% 对应的 center，100% 对应的 bottom，默认的元素形变中心点为自身的中心（50%，50%），也就是（center，

center）。

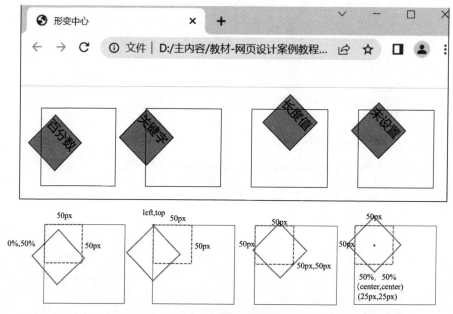

图 7-10　transform-origin 不同值设置形变中心点效果及示意图

（注：示意图中红色圆点为形变中心点，虚线框为元素原始位置，实线小框为变形后的位置。）

3. 2D 转换与过渡的结合使用

[例 7-9]：综合应用 2D 转换和过渡属性

代码如下：

```
<!DOCTYPE html>
<html>
  <head>
    <meta charset="utf-8">
    <title>2D 转换与过渡的结合使用 </title>
```

```
<style type="text/css">
  .father{
    width：600px;
    height：560px;
    border：1px solid;
  }
  .father div{
    width：50px;
    height：50px;
    background-color：rgba（0，0，255，0.7）;
    border：1px solid;
    margin：20px;
    transition：transform 3s;   /* 设置所有的 transfrom 属性都具
有过渡效果，过渡持续时间为 3 秒 */
  }
  .father：hover .one{
    transform：translate（500px，0px）;   /* 设置向右移动 500 像素，
向下移动 0 像素 */
  }
  .father：hover .two{
    transform：scale（1.5）;   /* 设置放大 1.5 倍 */
}
  .father：hover .three{
    transform：rotate（360deg）;   /* 设置旋转 360 度 */
  }
  .father：hover .four{
```

```
            transform：skew（45deg，60deg） /* 设置沿 X 轴倾斜 45 度，
        沿 Y 轴倾斜 60 度 */
            }
            .father：hover .five{
            transform： translate（0px，200px）； /* 设置向右移动 0 像素，
        向下移动 200 像素 */
            }
        </style>
    </head>
    <body>
        <div class="father">
            <div class="one"></div>
            <div class="two"></div>
            <div class="three"></div>
            <div class="four"></div>
            <div class="five"></div>
        </div>
    </body>
</html>
```

　　单独使用 2D 转换属性实现的是静态效果，而通过将 2D 转换与过渡属性的结合，可以实现动画效果，如图 7–11 所示，四张图分别为静态图、鼠标悬停在 class 名为 father 的大盒子上时的过程图和最终 2D 转换效果图。

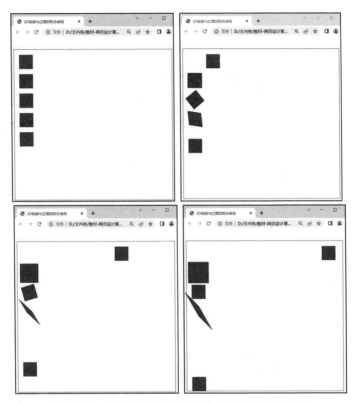

图 7-11　2D 转换和过渡属性的结合使用效果

7.2.3.2 动画属性

CSS3 可实现 HTML 元素的动画效果，使元素逐渐从一种样式变为另一种样式，而不使用 JavaScript 或 Flash。动画与过渡属性都是使元素随着时间改变一些属性值，但两者的不同之处为：一、过渡属性需要触发一个事件才会随着时间改变其 CSS 属性，而动画在不需要触发任何事件的情况下，也可以随时间变化来改变元素 CSS 属性，达到一种动画的效果；二、过渡只能设置开始和结束的关键帧，而动画可以设置多个关键帧，以此实现多个动作。

实现动画需要两步骤：一是创建动画，规定动画的名称；二是将创建好的动画绑定到选择器上，并设定动画时长等属性。

1. 创建动画

动画是一帧一帧图片连续切换实现的效果，关键帧就是动画里主要的一些帧。在 CSS3 中，动画就是在特定时间逐渐从当前样式更改为新样式，因此，实现 CSS 动画需要通过 @keyframes 设置关键帧。

@keyframes 通过使用百分比值或使用关键字 "from" 和 "to" 进行关键帧样式的设置。

（1）用百分比设置关键帧

使用百分比值可以设置多个关键帧，其中 0% 代表开始帧，100% 代表结束帧。

其语法格式为：

@keyframes 动画名 {

0%{ 属性：属性值；}

…

100% { 属性：属性值；}

}

（2）用关键词 "from" 和 "to" 设置关键帧

关键字只能设置开始和完成两个关键帧，"from" 和 "to" 等同于 0% 和 100%。

其语法格式为：

@keyframes 动画名 {

　　from{ 属性：属性值；}

　　to{ 属性：属性值；}

}

2. 绑定动画，设置动画属性

动画属性包括 animation、animation-delay、animation-direction、animation-duration、animation-fill-mode、animation-iteration-count、 animation-play-state、animation-timing-function 等属性，见表 7–3。

表 7–3 动画属性及其说明

属性	说明
animation	复合属性。
animation-name	规定需要绑定的 @keyframes 动画的名称。
animation-duration	规定动画完成一个周期应花费的时间。
animation-timing-function	规定动画的速度曲线。
animation-delay	规定动画开始的延迟时间。
animation-direction	规定动画是向前播放、向后播放还是交替播放。
animation-fill-mode	规定元素在不播放动画时的样式（在开始前、结束后，或两者同时）。
animation-iteration-count	规定动画播放的次数。
animation-play-state	规定动画是运行还是暂停。

（1）animation-name 属性

语法格式为：animation-name： 动画名 || none；

其中，要绑定的动画名就是通过 @keyframes 设定的动画名称，默认值为 none。

（2）animation-duration 属性

语法格式为：animation-duration： time；

其中，time 规定完成动画所花费的时间，以秒或毫秒计。默认值是 0，意味着没有动画效果。

（3）animation-timing-function 属性

语 法 格 式 为：animation-timing-function： ease || ease-in || ease-out || ease-in-out || linear；

其中，这些属性值的含义同过渡属性 transition-timing-function 的属性值含义，ease 为默认的动画效果。

（4）animation-delay 属性

语法格式为：animation-delay：time；

其中，time 定义动画开始前等待的时间，以秒或毫秒计。默认值是 0。

（5）animation-direction 属性

语法格式为：animation-direction：normal || alternate；

其中，normal 为默认值，表明动画正常播放；alternate 表明动画轮流反向播放。也就是动画会在奇数次数（1、3、5…）正常播放，而在偶数次数（2、4、6…）反向播放。若动画设置为只播放一次，则该属性没有效果。

（6）animation-fill-mode 属性

语 法 格 式 为：animation-fill-mode：none || forwards || backwards || both；

其中，none 表示不改变默认行为；forwards 表明当动画完成后，保持在最后一个关键帧中定义的属性值；backwards 表示在 animation-delay 所指定的一段时间内，在动画显示之前，应用在第一个关键帧中定义的属性值；both 表示 forwards 和 backwards 两种模式都被应用。

（7）animation-iteration-count 属性

语法格式为：animation-iteration-count：n || infinite；

其中，n 定义动画播放次数的数值；infinite 规定动画无限次播放。

（8）animation-play-state

语法格式为：animation-play-state：paused || running；

其中，paused 规定动画已暂停；running 规定动画正在播放，为默认值。该属性应结合 JavaScript 代码来实现暂停和播放状态的切换。否则，设置为 paused 属性值时，动画效果不会执行。

（9）animation 属性

animation 属性是一个简写属性，用于设置六个动画属性：animation-name、animation-duration、animation-timing-function、animation-delay、animation-iteration-count、animation-direction。其语法格式为：

animation：　name duration timing-function delay iteration-count direction；

需要注意的是：在动画制作中，必须规定动画的名称和时长。

[例 7-9]：动画的设置

代码如下：

```
<!DOCTYPE html>
<html>
  <head>
    <meta charset="utf-8">
    <title> 动画 </title>
    <style type="text/css">
      .father{
        width：400px；
        height：400px；
        border：1px solid；
        float：left；
      }
      .son{
        width：50px；
        height：50px；
        border：1px solid；
      }
```

```
.one .son{
   animation-name： move；      /* 规定绑定的动画名为 move*/
   animation-duration： 5s；     /* 设置动画执行的时长为 5 秒 */
   animation-timing-function： linear；  /* 设置动画效果为 linear*/
   animation-fill-mode： forwards；    /* 设置动画结束后，保持
在最后一个关键帧中定义的属性值 */
   animation-delay： 1s；     /* 设置动画开始前延迟 1 秒 */
   animation-iteration-count： 3；    /* 设置动画播放次数为 3 次 */
   animation-direction： alternate；  /* 设置动画轮流反向播放 */
}
.two .son{
   animation： round 5s linear 1s infinite normal；  /* 采用复合属性，
规定绑定的动画名为 round、执行时长为 5s、动画效果为 linear、
动画开始前延迟时间为 1 秒、动画无限次播放、动画正常播放 */
}
@keyframes move{
 from{
   margin-left： 0；
   background-color： lightblue；
   } /* 设置开始帧的样式 */
 to{
   margin-left： 350px；
   background-color： lightgreen；
   } /* 设置结束帧的样式 */
} /* 定义动画名为 move 的关键帧的样式 */
@keyframes round{
```

```
0%{

    margin-left：0;

    margin-top：0;

    background-color：lightblue;

} /* 设置开始帧的样式 */

25%{

    margin-left：350px;

    margin-top：0;

    background-color：lightgreen;

} /* 设置动画完成25%时的样式 */

50%{

    margin-left：350px;

    margin-top：350px;

    background-color：lightpink;

} /* 设置动画完成50%时的样式 */

75%{

    margin-left：0;

    margin-top：350px;

    background-color：lightsalmon;

} /* 设置动画完成75%时的样式 */

100%{

    margin-left：0;

    margin-top：0;

    background-color：lightblue;

} /* 设置结束帧的样式 */

}
```

```
    </style>
  </head>
  <body>
    <div class="father one">
      <div class="son"></div>
    </div>
    <div class="father two">
      <div class="son"></div>
    </div>
  </body>
</html>
```

图 7-12 左上图为页面加载后的未启动动画的页面效果，右下图为左边小盒子动画结束、右边小盒子一直在运动的截图，其他图为两个盒子都在运动的截图。由图及示例代码可知，左边小盒子采用"from"和"to"关键词设置了两个关键帧，执行从左至右的往返运动三次，而右边小盒子采用百分数设置了五个关键帧，执行沿着大盒子四边的无限次循环运动。

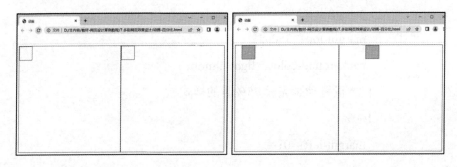

图 7-12　动画属性应用效果

7.2.3.3 其他补充属性

1. opacity 属性

opacity 属性用于设置元素的不透明级别。其语法格式为：

opacity： value；

其中，value 规定不透明度，从 0 到 1，默认值为 1。0 代表完全透明，
1 代表完全不透明。

[例 7-10]：opacity 属性的设置

代码如下：

```
<!DOCTYPE html>
<html>
  <head>
    <meta charset="utf-8">
    <title>opacity 属性 </title>
```

```
<style type="text/css">
  .father{
    width：200px；
    height：400px；
    border：1px solid；
    background-color：lightgray；
  }
  .father div{
    width：100px；
    height：100px；
    background-color：lightblue；
    border：1px solid；
    margin：10px；
  }
  .one{
    opacity：0；    /* 不透明度设为 0，表明该元素透明 */
  }
  .two{
    opacity：0.5；    /* 不透明度设为 0.5，表明该元素半透明 */
  }
  .three{
    opacity：1；    /* 不透明度设为 1，表明该元素完全不透明 */
  }
</style>
</head>
<body>
```

```
<div class="father">
  <div class="one"> 不透明度 0</div>
  <div class="two"> 不透明度 0.5</div>
  <div class="three"> 不透明度 1</div>
</div>
</body>
</html>
```

结合示例代码和图 7-13，可以看出当设置元素完全透明时，元素及元素内的文字等都透明不可见，但该元素在标准文档中占据的空间不变，当元素设置为半透明时，元素整体都为半透明效果。

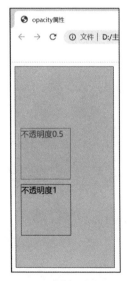

图 7-13 opacity 属性不透明度设置效果

2. z-index 属性

z-index 属性设置元素的层叠顺序。拥有更高层叠顺序的元素总是会处于层叠顺序较低的元素的上面。

语法格式为：z-index： number；

其中，number 为数字，可以为负值，如果为正数，则离用户更近，为负数则表示离用户更远。需要注意的是，z-index 仅在定位元素上发挥作用。

[例 7-11]：z-index 属性的设置

代码如下：

```
<!DOCTYPE html>
<html>
  <head>
    <meta charset="utf-8">
    <title>z-index</title>
    <style type="text/css">
      .father{
        width：100px；
        height：100px；
        border：1px solid；
      }
      .father div{
        width：50px；
        height：50px；
        border：1px solid；
      }
      .one{
        background-color：lightblue；
        float：left；
        margin：10px；
      }
      .two{
```

```
  background-color：lightgreen；
}
.three{
  background-color：lightpink；
  position：absolute；
  left：25px；
  top：50px；
}
.four{
  background-color：lightyellow；
  position：relative；
  left：25px；
  top：-25px；
 }
.f_two .one{
  z-index：999；  /* 设置层叠顺序为 999，最高层 */
}
.f_two .two{
  z-index：3；  /* 设置层叠顺序为 3，第二高度层 */
}
.f_two .three{
  z-index：-1；  /* 设置层叠顺序为 -1，第三高度层 */
  top：150px；
}
.f_two .four{
  z-index：-2；  /* 设置层叠顺序为 -2，最后一个高度层 */
```

```
            }
        </style>
    </head>
    <body>
        <div class="father f_one">
            <div class="one"></div>
            <div class="two"></div>
            <div class="three"></div>
            <div class="four"></div>
        </div>
        <div class="father f_two">
            <div class="one"></div>
            <div class="two"></div>
            <div class="three"></div>
            <div class="four"></div>
        </div>
    </body>
</html>
```

　　结合示例代码及图 7–14 可知，第一个大盒子为未设置 z-index 时几个小盒子的层叠状态，第二个大盒子为设置了 z-index 后几个小盒子的层叠状态，脱离标准文档流的淡蓝色、淡粉色、淡黄色小盒子和标准文档流的淡绿色小盒子都设置了 z-index，其中，淡绿色小盒子设置了最高层叠顺序，浮动的淡蓝色小盒子设置了第二高度层叠顺序，绝对定位的淡粉色小盒子设置了负值的第三层叠顺序，相对定位的淡黄色小盒子设置了负值的第四层叠顺序，但图中显示的小盒子层叠顺序为淡蓝色盒子 > 淡绿色盒子 > 淡粉色盒子 > 淡黄色盒子。结合代码可知标准文档流和浮动文档设置的

z-index 不发挥作用，而定位文档设置的 z-index 能够发挥作用，实现了原始层叠顺序的重新排序。

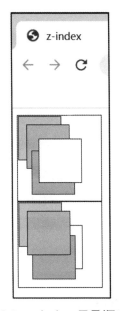

图 7-14　z-index 层叠顺序效果

3. overflow 属性

overflow 属性规定当内容溢出元素框时如何处理溢出的内容。其语法格式为：overflow： visible || hidden || scroll || auto；

其中，visible 设置元素内的内容溢出元素框也不会被修剪，会呈现在元素框之外，为默认值。hidden 设置元素内的内容若溢出元素框会被修剪，并且溢出的内容是不可见的；scroll 设置元素内的内容若溢出元素框会被修剪，但是浏览器会显示滚动条以便查看其余的内容；auto 设置如果内容被修剪，则浏览器会显示滚动条以便查看其余的内容。

[例 7-12]：overflow 属性的设置

代码如下：

<!DOCTYPE html>

```html
<html>
  <head>
    <meta charset="utf-8">
    <title>overflow</title>
    <style type="text/css">
      div{
        width：100px；
        height：100px；
        border：1px solid；
        float：left；
        margin：5px；
      }
      .one{
        overflow：visible；
      }
      .two{
        overflow：hidden；
      }
      .three{
        overflow：scroll；
      }
      .four{
        overflow：auto；
      }
    </style>
  </head>
```

```
<body>
    <div class="one">visible 设置元素内的内容溢出元素框也不会被
修剪，会呈现在元素框之外 </div>
    <div class="two">hidden 设置元素内的内容若溢出元素框会被修
剪，并且溢出的内容是不可见的 </div>
    <div class="three">scroll 设置元素内的内容若溢出元素框会被修
剪，但是浏览器会显示滚动条以便查看其余的内容 </div>
    <div class="four">auto 设置如果内容被修剪，则浏览器会显示滚
动条以便查看其余的内容 </div>
    </body>
</html>
```

图 7-15 显示了当内容溢出元素框时，overflow 四个属性值的不同显示
效果。

图 7-15　overflow 属性网页效果

第八章　JavaScript 的简单应用

　　JavaScript 是一种基于对象和事件驱动、具有安全性能、广泛应用于客户端网页开发的脚本语言。它是一种解释型语言，不需要事先编译，在程序运行时被逐行解释。随着 JavaScript 语言的完善，其可以用于网页的前端开发、后端开发和移动端开发，如客户端表单合法性验证、浏览器事件的触发、网页特殊效果制作、小游戏等。

8.1 JavaScript 插入网页的方法

　　在 HTML 文档中插入 JavaScript 的方法同 CSS 的引用方法类似，也是三种：行内添加脚本、内部嵌入脚本程序、链入脚本文件。

　　1. 行内添加脚本

　　可以在 HTML 表单的输入标签内添加脚本，以响应输入事件。

　　[例 8-1] 行内添加 Javascript 脚本

　　代码如下：

```
<!DOCTYPE html>
<html>
  <head>
    <meta charset="UTF-8">
    <title>JavaScript 示例 </title>
  </head>
  <body>
```

Javascipt 示例

<button onClick="JavaScript：alert（' 您好！ '）； "/> 点击进入 </button>

    </body>

</html>

图 8-1　页面初始状态显示（左图）、单击按钮后的运行效果（右图）

2. 内部嵌入脚本程序

Javascipt 的脚本程序放置在 HTML 文档中，成为 HTML 文档的一部分。其可以位于 <head><head/> 标签对内，也可以位于 <body></body> 标签对内。其语法格式为：

<script type="text/javascript">

    JavaScript 代码；

    …

</script>

值得注意的是：

（1）如果希望打开网页后，浏览器首先加载 Javascipt 脚本内容，则 Javascipt 脚本语言要放在 HTML 文档的 <head><head/> 标签对内。

（2）如果希望打开网页后，浏览器先加载 HTML 结构和 CSS 样式，最后加载 Javascipt 脚本内容，则 Javascipt 脚本语言要放在 HTML 文档的 <body></body> 标签对内，且要位于 <body></body> 标签对内所有其他标签的最后面，这样浏览器能更快的加载页面。

3. 链入脚本文件

当脚本程序单独保存在一个脚本文件（以 .js 为扩展名）时，则可以采用外部链入的方式引用该文件的程序。其语法格式为：

<script type="text/javascript" src=" 脚本文件名 .js"></script>

值得注意的是：

（1）src 属性定义的是 JavaScript 文件的 URL。

（2）该语句可以放置在 <head><head/> 标签对内或 <body></body> 标签对内。

（3）如果使用 src 属性，则浏览器将只使用外部文件中的脚本，忽略任何位于 <script></script> 标签对内的脚本。

8.2 制作网页特效

8.2.1 "乐学学堂"首页二级菜单的设计

[综合案例 8-1]：在第七章综合案例 7-1 "乐学学堂"首页页头制作的基础上，添加二级菜单，当鼠标悬停在"概况""院系""服务"栏时，下方出现对应的二级菜单。当鼠标离开时二级菜单消失，如图 8-2。

图 8-2 "乐学学堂"首页二级菜单页面效果

本案例采用在 HTML、CSS 代码的基础上，增加了 JavaScript 代码增加了互动，使二级菜单在鼠标悬停时出现，这种方式制作二级菜单的好处是二级菜单打开时不会出现占用下面内容位置的情况，使排版布局更清晰。

实现二级菜单的原理是将二级菜单设置为不显示，当鼠标悬停到一级菜单栏时，相应的二级菜单设置为显示，从而显示出该二级菜单，当鼠标离开该一级菜单栏时，对应的二级菜单又恢复设置为不显示。

实现代码如下：

```html
<!doctype html>
<html>
  <head>
    <meta charset="utf-8">
    <title> 乐学学堂 </title>
    <style>
     * {
       margin：0;
       padding：0;
     }
     .logo {
       width：100%;
       height：96px;
       background：url（image/top-trans-bg.png）;
       position：fixed;
       left：0;
       top：0;
     }
     /* 设置页头样式 */
```

```
.nav {
  width： 1200px；
  height： 96px；
  margin： 0 auto；
}
/* 设置页头左侧 logo 样式 */
.nav .logo_nav {
  float： left；
  width： 300px；
}
/* 设置页头中间主导航栏样式 */
.nav .main {
  float： left；
  width： 600px；
}
.nav .main .sty {
  float： left；
  width： 200px；
  height： 36px；
  overflow： hidden；
  transition： width 0.5s linear，height 0.2s linear 0.5s，display 0.2s
linear 0.5s；
}
.nav .main .sty span {
  float： left；
  width： 300px；
```

```
    height： 36px；
    transition： background 0s linear 0.4s；
  }
.nav .main .sty div {
    width： 300px；
    height： 60px；
    float： left；
    display： none；    /* 设置二级菜单初始状态为不显示 */
  }
.nav .main .sty div a {
    text-decoration： none；
    font-size： 12px；
    color： #FFECC5；
    display： inline-block；
    height： 20px；
    line-height： 20px；
    width： 80px；
    text-align： center；
    padding： 8px 0 0 8px；
  }
.nav .main .sty div a： hover {
    color： #fff；
  }
.nav .main .about div {
    background： #ab8a6c；
  }
```

```
.nav .main .about span {

  background： #ab8a6c url（image/summ.png） no-repeat；

}

.nav .main .schools div {

  background： #ccb18e；

}

.nav .main .schools span {

  background： #ccb18e url（image/deps.png） no-repeat；

}

.nav .main .service div {

  background： #948173；

}

.nav .main .service span {

  background： #948173 url（image/service.png） no-repeat；

}

.nav .main： hover .sty {

  width： 150px；

}

.nav .main .sty： hover {

  width： 300px；

  height： 96px；

}

.nav .main .about： hover span {

  background： url（image/summ.png） no-repeat 0px -36px；

}

.nav .main .schools： hover span {
```

```
  background： url（image/deps.png） no-repeat 0px -36px；
}
.nav .main .service： hover span {
  background： url（image/service.png） no-repeat 0px -36px；
}
/* 设置页头右侧小导航栏样式 */
.nav .nav_nav {
  float： left；
  background： #ffe1c1；
  width： 299px；
  height： 36px；
  line-height： 36px；
  text-align： center；
  font-size： 12px；
}
.nav .nav_nav a {
  color： #593939；
  text-decoration： none；
  margin： 5px；
}
.nav .nav_nav a： hover {
  text-decoration： underline；
}
.image {
  width： 100%；
  height： 100%；
```

```
        overflow: hidden;
    }
    .image img {
      width: 100%;
    }
  </style>
</head>
<body>
  <div class="logo">
    <div class="nav">
      <div class="logo_nav"><a href="#"><img src="image/logo.
jpg"></a></div>
      <div class="main" id="main">
        <div class="about sty">
        <span></span>
        <div>
          <a href="#"> 学堂简介 </a>
          <a href="#"> 机构设置 </a>
          <a href="#"> 历史沿革 </a>
          <a href="#"> 管理机构 </a>
        </div>
      </div>
      <div class="schools sty">
        <span></span>
        <div>
          <a href="#"> 语文学部 </a>
```

```
        <a href="#"> 数学学部 </a>
        <a href="#"> 英语学部 </a>
        <a href="#"> 美育学部 </a>
        <a href="#"> 体育学部 </a>
      </div>
    </div>
    <div class="service sty">
      <span></span>
      <div>
        <a href="#"> 服务中心 </a>
        <a href="#"> 图书馆 </a>
        <a href="#"> 信息公开 </a>
        <a href="#"> 校历 </a>
      </div>
    </div>
  </div>
  <div class="nav_nav">
    <a href="#"> 学生 </a>
    |
    <a href="#"> 教职工 </a>
    |
    <a href="#"> 校友 </a>
    |
    <a href="#"> 访客 </a>
  </div>
</div>
```

```
    </div>
    <div class="image">
      <img src="image/bg.jpg">
    </div>
    <script type="text/javascript">
      window.onload = function（）{
        var main = document.getElementById（"main"）;
        var allDiv = main.getElementsByClassName（"sty"）;
        for（var i = 0; i < allDiv.length; i++）{
          var div = allDiv[i];
          div.onmouseover = function（）{// 鼠标指针悬停时设置
          var subDiv = this.getElementsByTagName（"div"）;
          subDiv[0].style.display = "block";  // 二级菜单设置为显示状态
          }
          div.onmouseout = function（）{// 鼠标指针离开时设置
            var subDiv = this.getElementsByTagName（"div"）;
            subDiv[0].style.display = "none";  // 二级菜单设置为不显示
          }
        }
      }
    </script>
  </body>
</html>
```

8.2.2 Tab 选项卡的设计

[综合案例 8-2]：Tab 选项卡效果是常见的网页效果，其主要作用是在有限的空间内展示不同内容，实现页面空间的有效利用。其中每个选项

卡代表一个活动的区域。点击不同的选项卡，即可展现不同的内容，如图 8-3。

图 8-3 Tab 选项卡页面效果

本案例采用在 HTML、CSS 代码的基础上，增加 JavaScript 代码设置了网页特效，鼠标悬停选项卡时可以切换活动区域内容。实现 Tab 选项卡的方式很多，但基本原理都是通过鼠标悬停选项卡，触发相应的功能函数，将当前选项卡关联内容设置为显示状态，而其他选项卡内容设置为不显示状态。本案例设置了三个选项卡，对应的选项卡内容通过三个列表实现。

实现代码如下：

```
<!doctype html>
<html>
  <head>
    <meta charset="utf-8">
    <title>tab 选项卡 </title>
    <style>
```

```
/* 统一样式设置 */

* {

 margin：0;

 padding：0;

}

li {

 list-style：none;

}

/* 设置 Tab 选项卡整体样式 */

.tab {

 width：398px;

 height：230px;

 border：1px solid #CD7F33;

 background-color：#533335;

 margin：10px auto;

 box-sizing：border-box;

 box-shadow：0 0 3px #9C661F;

}

/* 设置 Tab 选项卡的头部选项卡样式 */

.tab .tab_top {

 height：40px;

 font-size：20px;

 font-weight：bold;

}

.tab .tab_top li {

 float：left;
```

```
  width： 132px；

  height： 40px；

  line-height： 40px；

  border： 1px solid #CD7F33；

  text-align： center；

  background： #050308；

  box-sizing： border-box；

  color： #FFECC5；

}

.tab .tab_top .checked {

  background： #533335；

  border： none；

  color： #fff；

}

/* 设置 Tab 选项卡的底部样式 */

.tab .tab_bottom {

  height： 180px；

  padding： 10px；

  box-sizing： border-box；

}

.tab .tab_bottom .dom {

  display： none；　 /* 设置选项卡内容为不显示 */

}

.tab .tab_bottom .dom li {

  border-bottom： 1px dashed #ccc；

}
```

```
.tab .tab_bottom .dom a {
  text-decoration：none；
  color：#FFECC5；
  line-height：40px；
  text-overflow：ellipsis；
  white-space：nowrap；
  overflow：hidden；
  font-size：15px；
}
.tab .tab_bottom .dom a：hover {
  color：#fff；
}
   </style>
</head>
<body>
  <div class="tab">
   <ul class="tab_top" id="tab_top">
    <li class="checked"> 新闻 </li>
    <li> 学术 </li>
    <li> 公告 </li>
   </ul>
   <div class="tab_bottom" id="tab_bottom">
    <ul class="dom" style="display：block；">
    <！—默认情况下该列表设置为显示 -->
     <li><a href="#">1. 学堂召开党的教育方针学习大会 </a></li>
     <li><a href="#">2. 共学一堂课："科学思维与研究方法"</
```

a></li>

　　<li><a href="#">3. 深挖课程红色资源，传承红色基因 </a></li>

　　<li><a href="#">4. 学校召开美育教研交流研讨会 </a></li>

　　</ul>

　　<ul class="dom">

　　<li><a href="#">1. 庆祝中国共产党百年华诞 "百版红色报纸" 专题展览 </a></li>

　　<li><a href="#">2. 科技文化周系列活动——科普电影节 </a></li>

　　<li><a href="#">3. 历史中探寻当下的启发 </a></li>

　　<li><a href="#">4. 美育课程期末作业展览 </a></li>

　　</ul>

　　<ul class="dom">

　　<li><a href="#">1. 图书馆自 8 月 16 日起恢复每天开放的通知 </a></li>

　　<li><a href="#">2. 关于暑期值班工作安排的通知 </a></li>

　　<li><a href="#">3. 关于暑期调整校门开放时间的通知 </a></li>

　　<li><a href="#">4. 学堂课程教学平台项目招标公告 </a></li>

　　</ul>

　</div>

　</div>

<script>

　window.onload = function（）{

　　var ul = document.getElementById（"tab_top"）;

```
        var div = document.getElementById（"tab_bottom"）;
        var list = ul.getElementsByTagName（"li"）;
        var dom = div.getElementsByClassName（"dom"）;
        for（var i = 0; i < list.length; i++）{
         var sLi = list[i];
         sLi.index = i;
         sLi.onmouseover = function（）{// 鼠标指针悬停时关联的选
   项卡内容出现，其他选项卡内容消失
           for（var j = 0; j < list.length; j++）{// 设置所有选项卡对
   应列表其 class 名空，内容为不显示
             list[j].className = "";
             dom[j].style.display = "none";
           }
           this.className = "checked"; // 设置该选项卡对应列表 class
   名为 checked
           dom[this.index].style.display = "block"; // 设置该选项卡对应
   列表内容显示
         }
        }
       }
     </script>
   </body>
</html>
```

8.2.3 轮播图的设计

[综合案例 8-3]：轮播图片是常见的网页特效，不仅美化了页面外观，又可以节省版面空间。本案例制作轮播图片，每隔一段时间，图片自动切

换到下一幅画面；用户可以单击左右两侧的箭头进行切换，或者单击下方的圆点进行直接图片的切换，如图 8-4。

图 8-4　轮播图网页效果

　　制作网页前需要创建文件夹 image 存放图片素材，本案例的图片素材都是 JPEG 格式，大小均为 800×500px，图片命名依次为 bg0、bg1、bg2、bg3。所创建的网页与 image 文件夹放在同一个文件夹内。

　　本案例除轮播图外，还设置了两种按钮切换图片的方法，一种方法为通过左右按钮实现图片的前后切换，另一种方法是根据按钮与图片的关联实现目标图片的切换。制作该网页首先要求图片大小与容纳图片的盒子宽高一致，其次左右箭头和下面的小圆点都通过"子绝父相"的方法置于图片的上面，再次轮播图通过 JavaScript 代码进行切换必须保证图片的命名如前面所述，并且轮播的图片数要与 loop 除以的数值以及 maxIndex、minIndex 的值相匹配。

　　实现代码如下：

```
<!doctype html>
<html>
  <head>
    <meta charset="utf-8">
    <title> 轮播图 </title>
    <style>
     * {
       margin：0；
       padding：0；
       list-style：none；
     }
     .spring {
       width：800px；
       height：500px；
       border：2px solid；
       margin：10px auto；
       position：relative；/* 父元素设置相对定位 */
     }
     .spring span {
       width：30px；
       height：30px；
       border-radius：15px；
       background-color：rgba（200，200，200，0.3）；
       display：block；
       font-size：25px；
       line-height：28px；
```

```
        text-align： center;
    }
    .spring .leftArrow {
        position： absolute； /* 子元素设置绝对定位 */
        left： 20px;
        top： 50%;
        opacity： 0；      /* 设置完全透明 */
        transition-property： all;
        transition-duration： 2s;
    }
    .spring .rightArrow {
        position： absolute； /* 子元素设置绝对定位 */
        right： 20px;
        top： 50%;
        opacity： 0； /* 设置完全透明 */
        transition-duration： 2s;
    }
    .spring： hover .leftArrow {/* 当鼠标悬停到 class 名为 spring 的大
盒子时，设置 class 名为 leftArrow 的样式 */
        opacity： 1；   /* 设置完全不透明 */
        left： 10px;
        cursor： pointer;
    }
    .spring： hover .rightArrow {/* 当鼠标悬停到 class 名为 spring 的
大盒子时，设置 class 名为 rightArrow 的样式 */
        opacity： 1； /* 设置完全不透明 */
```

```
    right： 10px；

    cursor： pointer；

   }
#disc {

   width： 80px；

   height： 15px；

   border-radius： 5px；

   background-color： rgba（200，200，200，0.3）；

   line-height： 15px；

   text-align： center；

   position： absolute；  /* 子元素设置绝对定位 */

   margin-left： 50%；  /* 左外边距为父元素宽度的 50%，结合
left 实现子元素在父元素的左右居中 */

   left： -40px；      /* 定位水平位置靠左侧 -40px（自身宽度的一
半）*/

   bottom： 10px；

   }
#disc li {

   display： inline-block；

   width： 10px；

   height： 10px；

   border-radius： 5px；

   background-color： rgba（0，0，0，0.3）；

   }
  </style>
</head>
```

```
<body>
  <div class="spring">
    <div id="image">
      <img src="image/bg1.jpg">
    </div>
    <span class="leftArrow" id="prev">&lt；</span>
    <span class="rightArrow" id="next">&gt；</span>
    <ul id="disc">
      <li style="background-color：rgb（200，200，200）；"></li>
      <li></li>
      <li></li>
      <li></li>
    </ul>
  </div>
  <script>
    window.onload = function（）{
    // 轮播图片
    var image = document.getElementById（"image"）；
    var allImg = image.getElementsByTagName（"img"）；
    var disc = document.getElementById（"disc"）；
    var allLi = disc.getElementsByTagName（"li"）；
    var loop = 0；
    setInterval（function（）{// 定时器
      loop += 1；
      loop %= 4；
      allImg[0].src = "image/bg" + loop + ".jpg"；  // 设置 img 的 src
```

属性

```
    for（var j = 0；j < allLi.length；j++）{
        allLi[j].style.backgroundColor = "rgba（0，0，0，0.3）"；//
设置所有小圆点背景颜色
    }
    allLi[loop].style.backgroundColor = "rgb（200，200，200）"；
// 设置与图片关联的小圆点背景颜色
    }，5000）
    // 左右按钮切换图片
    var prev = document.getElementById（"prev"）；
    var next = document.getElementById（"next"）；
    var maxIndex = 3，
        minIndex = 0，
        currentIndex = minIndex；
    prev.onclick = function（）{ // 左侧按钮点击时切换图片
        if（currentIndex === minIndex）{
        currentIndex = maxIndex；
        } else {
        currentIndex--；
        }
        allImg[0].src = "image/bg" + currentIndex + ".jpg"；// 设置 img
的 src 属性
    }
    next.onclick = function（）{// 右侧按钮点击时切换图片
        if（currentIndex === maxIndex）{
        currentIndex = minIndex；
```

```
        } else {
          currentIndex++;
        }
        allImg[0].src = "image/bg" + currentIndex + ".jpg";  // 设置 img
的 src 属性
      }
      // 小圆点直接切换图片
      for （var i = 0；i < allLi.length；i++）{
        var sLi = allLi[i];
        sLi.index = i;
        sLi.onclick = function （ ）{
          allImg[0].setAttribute( "src"，"image/bg" + this.index + ".jpg" );
// 设置 img 的 src 属性
          for （var j = 0；j < allLi.length；j++）{
            allLi[j].style.backgroundColor = "rgba（0，0，0，0.3）";
          // 设置所有小圆点背景颜色
          }
          this.style.backgroundColor = "rgb（200，200，200）";    // 设
置与图片关联的小圆点背景颜色
        }
      }
    }
  </script>
  </body>
</html>
```

第九章 静态网页综合案例

本章通过讲解"乐学学堂"首页制作的综合案例，介绍网站的开发流程，进一步巩固网页设计与制作的基本知识。

9.1 网页布局规划

本案例只介绍乐学学堂的首页制作，这是因为首页是一个网站的灵魂，其风格体现了整个网站的整体风格和定位。因前面章节案例中多个案例采用多屏的方式展示一个网页的内容，本章乐学学堂首页采用一屏的设计呈现网页的内容，以尽可能在案例中呈现多样化的设计。乐学学堂网站主要用于介绍乐学学堂的介绍、内部机构的设置、新闻和服务等功能，面向对象主要为教师、家长及学生，其首页主要内容包括导航条、轮播图、新闻、学术讲座、人才培养、合作交流、版权信息等，其他页面主要为具体内容的展示，内容结构较简单，就不再一一赘述。首页效果如图 9-1 所示，布局示意图如图 9-2 所示。

图 9–1　网站首页效果

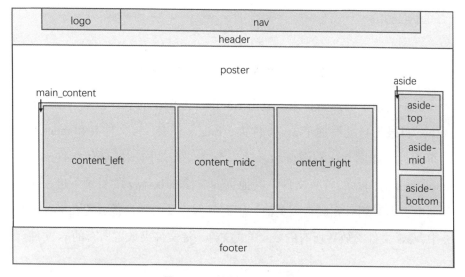

图 9–2　首页布局示意图

9.2 创建项目目录

在制作网页前，制作者需要确定整个网站的目录结构，包括创建项目根目录、根目录下的各网页的目录以及通用目录。创建乐学学堂首页站点的步骤如下：

1. 创建根目录：打开 Hbulider，点击新建 Web 项目，选择项目目录存放的硬盘位置，本案例放置在 D：\ 主内容 \ 教材 - 网页设计案例教程 \ch9 目录下，项目名称为 lxxtwz，如图 9-3 左图所示，创建该项目作为 Web 项目的根目录。

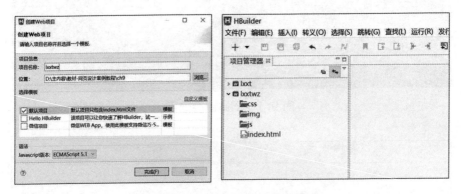

图 9-3　创建 Web 项目的根目录

2. 根目录下的通用目录：点击 Hbulider 左侧栏的 lxxt 目录，创建好的 lxxtwz 目录下自动添加了 css 文件夹、img 文件夹、js 文件夹和 index.html 网页文件，如图 9-3 右图所示。这三个文件夹是网站的通用文件夹，而 index.html 为网站的首页文件，其他页面文件在 lxxtwz 的目录下进一步创建。由于本案例只完成首页页面，因此案例涉及的图片都放置在 img 文件夹中，css 文件夹放置所有的 css 样式文件，js 文件夹放置所有的 js 文件。

9.3 首页制作

在设计了首页的整体布局和创建了 Web 项目目录后，接下来就要完成乐学学堂首页的制作。制作过程如下。

1. 页面结构代码

网页制作实现了结构与样式的分离，首先说明整个页面（index.html）的结构代码，代码如下：

```
<!DOCTYPE html>
<html>
  <head>
    <meta charset="utf-8" />
    <title> 乐学学堂 </title>
    <link href="css/style.css" rel="stylesheet" type="text/css"/>
  </head>
  <body>
    <!  -- 页面顶部结构 -->
    <div class="header">
      <div class="nav">
        <!  -- 页面顶部左侧 logo 结构 -->
        <div class="logo_nav"> <a href="#"> <img src="img/logo.jpg">
</a> </div>
        <!  -- 页面顶部中间区域结构 -->
        <div class="main_nav" id="main_nav">
          <div class="about sty">
            <span></span>
            <!  -- 下拉二级菜单结构 -->
            <div>
              <a href="#"> 学堂简介 </a>
              <a href="#"> 机构设置 </a>
              <a href="#"> 历史沿革 </a>
              <a href="#"> 管理机构 </a>
```

```
      </div>
    </div>
    <div class="schools sty">
      <span></span>
      <! -- 下拉二级菜单结构 -->
      <div>
        <a href="#"> 文学学部 </a>
        <a href="#"> 理学学部 </a>
        <a href="#"> 外文学部 </a>
        <a href="#"> 美育学部 </a>
        <a href="#"> 体育学部 </a>
      </div>
    </div>
    <div class="service sty">
      <span></span>
      <! -- 下拉二级菜单结构 -->
      <div>
        <a href="#"> 服务中心 </a>
        <a href="#"> 图书馆 </a>
        <a href="#"> 信息公开 </a>
        <a href="#"> 校历 </a>
      </div>
    </div>
  </div>
  <! -- 页面顶部右侧区域结构 -->
  <div class="else_nav">
```

```
    <a href="#"> 学生 </a>

    |

    <a href="#"> 教职工 </a>

    |

    <a href="#"> 校友 </a>

    |

    <a href="#"> 访客 </a>

  </div>

 </div>

</div>

<！ -- 页面主体结构 -->

<div class="content" id="content">

 <！ -- 页面主体背景图片轮播显示 -->

 <img src="img/bg1.jpg">

 <！ -- 页面主体主要内容区域结构 -->

 <div class="main_content">

  <！ -- 页面主体主要内容左侧区域结构 -->

  <div class="content_left">

   <！ -- 页面主体主要内容区域左侧tab选项卡上半部分结构 -->

   <ul class="tab_top" id="tab_top">

    <li class="checked"> 新闻 </li>

    <li> 学术 </li>

    <li> 公告 </li>

   </ul>

   <！ -- 页面主体主要内容区域左侧tab选项卡下半部分结构 -->

   <div class="tab_bottom" id="tab_bottom">
```

```
<ul class="dom" style="display：block；">
 <！ -- aaa -->
 <li><a href="#">1. 学堂召开党的教育…</a></li>
 <li><a href="#">2. 共学一堂课…</a></li>
 <li><a href="#">3. 深挖课程红色资源…</a></li>
 <li><a href="#">4. 学校召开美育教研…</a></li>
</ul>
<ul class="dom">
 <li><a href="#">1. 庆祝中国共产党…</a></li>
 <li><a href="#">2. 科技文化周系列活动…</a></li>
 <li><a href="#">3. 历史中探寻当下的启发 </a></li>
 <li><a href="#">4. 美育课程期末作业展览 </a></li>
</ul>
<ul class="dom">
 <li><a href="#">1. 图书馆自 8 月 16 日起…</a></li>
 <li><a href="#">2. 关于暑期值班工作…</a></li>
 <li><a href="#">3. 关于暑期调整校门…</a></li>
 <li><a href="#">4. 学堂课程教学平台…</a></li>
</ul>
 </div>
 </div>
 <！ -- 页面主体主要内容中间区域结构 -->
<div class="content_mid，train">
 <div class="train_top"> 人才培养 </div>
 <div class="train_nav"><a href="#"> 招生 </a><a href="#"> 教
学 </a><a href="#"> 培训 </a></div>
```

```
        <div class="train_content">
        <a href="#"><img src="img/cul.jpg"></a>
      <p><a href="#">乐学学堂美育人才培养研讨会…</a></p>
      </div>
    </div>
    <！-- 页面主体主要内容右侧区域结构 -->
    <div class="content_right，train">
      <div class="train_top">合作交流</div>
      <div class="train_nav"><a href="”#”>合 作 办 学</a><a
href="#">交流访问</a></div>
      <div class="train_content">
        <a href="#"><img src="img/team.jpg"></a>
        <p><a href="#">乐学课程走进新一中学…</a></p>
      </div>
    </div>
    </div>
    <！-- 页面侧边区域结构 -->
    <div class="aside">
    <a href="#">
    <img src="img/pro.jpg">
    </a>
    <a href="#">
    <img src="img/nation.jpg">
    </a>
    <a href="#">
    <img src="img/study.jpg">
```

```
        </a>
       </div>
      </div>
      <！-- 页面底部结构 -->
      <div class="footer">
       <div class="left_footer">
        <span>Copyright&copy；  XXX  ； ； ；
 ；地址：XXXXXX  ； ； ； ；邮编：
XXX</span>
       </div>
       <div class="right_footer">
        <a href="#">网站地图</a>|<a href="#">联系我们</a>|<a
href="#">隐私版权</a>|<a href="#">International Version</a>
       </div>
      </div>
     </body>
    </html>
```

2. 页面整体样式制作

页面全局规则设置，包括页面 body、超链接、列表等元素的定义，CSS 代码如下：

```
/* 设置页面整体样式 */
body, div, dl, dt, dd, ul, ol, li, h1, h2, h3, h4, h5, h6, pre,
code, form, fieldset, legend, input, textarea, p, blockquote, th, td{  /*
针对 HTML 所有元素设置 */
    margin：0；  /* 外边距为 0px*/
    padding：0；  /* 内边距为 0px*/
```

```
    font-size：13px；  /* 字体大小为 13px*/
    }
li {  /* 设置列表的样式 */
    list-style：none；  /* 列表项不显示项目符号 */
    }
a：link，a：visited{  /* 设置超链接未访问和访问过的样式 */
    text-decoration：none；  /* 链接文本无修饰 */
    color：#FFECC5；  /* 字体颜色为淡黄色 */
    }
a：hover，a：active{  /* 设置超链接悬停和鼠标按下时的样式 */
    color：#fff；  /* 字体颜色为白色 */
    }
```

3. 页面顶部样式制作

页面顶部的内容被放置在 class 名为 header 的 div 容器中，主要用来显示网站的 logo、导航栏，如图 9-4 所示。图 9-5 和图 9-6 分别为鼠标悬停在导航栏后的动态效果。

图 9-4　页面顶部的布局效果

图 9-5　页面顶部鼠标悬停在中间导航栏后选择二级菜单的效果

图 9-6　页面顶部鼠标悬停在右侧小导航栏后的效果

CSS 代码如下：

/* 设置页面顶部样式 */

.header { /* 设置页面顶部 class 名为 header 区域的样式 */

   width：100%； /* 宽度为 100%*/

   height：96px； /* 高度为 96px*/

   background：url（../img/top-trans-bg.png）； /* 背景图像设置 */

   position：fixed； /* 固定定位 */

   left：0； /* 固定定位位置：距浏览器窗口左侧栏 0px */

   top：0； /* 固定定位位置：距浏览器窗口顶部 0px */

   z-index：999； /* 层叠参数为 999，置于最上层 */

}

/* 设置页头样式 */

.header .nav { /* 设置顶部 class 名为 nav 区域的样式 */

   width：1200px； /* 宽度为 1200px*/

   height：96px； /* 高度为 96px*/

   margin：0 auto； /* 区域水平居中对齐 */

}

/* 设置页头左侧 logo 样式 */

.header .nav .logo_nav { /* 设置顶部左侧 class 名为 logo_nav 区域的样式 */

   float：left； /* 向左浮动 */

   width：300px； /* 宽度为 300px*/

}

/* 设置页头中间主导航栏样式 */

.header .nav .main_nav { /* 设置顶部中间 class 名为 main_nav 区域的样式 */

```
        float： left；      /* 向左浮动 */
        width： 600px；      /* 宽度为 600px*/
    }
    .header .nav .main_nav .sty {  /* 设置顶部中间 main_nav 区域中的 class
名为 sty 区域的样式 */
        float： left；      /* 向左浮动 */
        width： 200px；      /* 宽度为 200px*/
        height： 36px；      /* 高度为 36px*/
        overflow： hidden；     /* 溢出隐藏 */
        transition： width 0.5s linear， height 0.2s linear 0.5s， display 0.2s
    linear 0.5s；  /* 设置过渡效果 */
    }
    .header .nav .main_nav .sty span {  /* 设置顶部中间 main_nav 区域中的
class 名为 sty 区域中 span 标签的样式 */
        float： left；      /* 向左浮动 */
        width： 300px；      /* 宽度为 300px*/
        height： 36px；      /* 高度为 36px*/
        transition： background 0s linear 0.4s；     /* 设置过渡效果 */
    }
    .header .nav .main_nav .sty div {  /* 设置顶部中间 main_nav 区域中的
class 名为 sty 区域中 div 标签的样式 */
        width： 300px；      /* 宽度为 300px*/
        height： 60px；      /* 高度为 60px*/
        float： left；      /* 向左浮动 */
        display： none；      /* 元素不显示 */
    }
```

.header .nav .main_nav .sty div a {   /* 设置顶部中间 main_nav 区域中的 class 名为 sty 区域中 div 标签中 a 标签的样式 */

    font-size：12px;   /* 字体大小为 12px*/

    display：inline-block;   /* 行内块级元素 */

    height：20px;   /* 高度为 20px*/

    line-height：20px;   /* 行高为 20px*/

    width：80px;   /* 宽度为 80px*/

    text-align：center;   /* 文本水平居中对齐 */

    padding：8px 0 0 8px;   /* 上、左内边距为 8px，右、下内边距为 0px*/

  }

.header .nav .main_nav .about div { /* 设置顶部中间 main_nav 区域中的 class 名为 about 区域中 div 标签的样式 */

    background：#ab8a6c;   /* 背景颜色为朽叶色 */

  }

.header .nav .main_nav .about span {   /* 设置顶部中间 main_nav 区域中的 class 名为 about 区域中 span 标签的样式 */

    background：#ab8a6c url（../img/summ.png）no-repeat;   /* 背景颜色为朽叶色、背景图像为 summ.png、图像不重复 */

  }

.header .nav .main_nav .schools div {   /* 设置顶部中间 main_nav 区域中的 class 名为 schools 区域中 div 标签的样式 */

    background：#ccb18e;   /* 背景颜色为土黄色 */

  }

.header .nav .main_nav .schools span {   /* 设置顶部中间 main_nav 区域中的 class 名为 schools 区域中 span 标签的样式 */

background：#ccb18e url（../img/deps.png）no-repeat；　　　/* 背景
颜色为土黄色、背景图像为 deps.png、图像不重复 */
　　}
　　.header .nav .main_nav .service div {　/* 设置顶部中间 main_nav 区域中
的 class 名为 service 区域中 div 标签的样式 */
　　　　background：#948173；　　　/* 背景颜色为生壁色 */
　　}
　　.header .nav .main_nav .service span {　/* 设置顶部中间 main_nav 区域
中的 class 名为 service 区域中 span 标签的样式 */
　　　　background：#948173 url（../img/service.png）no-repeat；　　　/* 背
景颜色为生壁色、背景图像为 service.png、背景图像不重复 */
　　}
　　.header .nav .main_nav：hover .sty {　/* 设置顶部中间 main_nav 区域鼠
标悬停时 class 名为 sty 区域的样式 */
　　　　width：150px；　　　/* 宽度为 150px*/
　　}
　　.header .nav .main_nav .sty：hover {　/* 设置顶部中间 main_nav 区域中
class 名为 sty 区域鼠标悬停时的样式 */
　　　　width：300px；　　　/* 宽度为 300px*/
　　　　height：96px；　　　/* 高度为 96px*/
　　}
　　.header .nav .main_nav .about：hover span {　/* 设置顶部中间 main_nav
区域中 class 名为 about 区域鼠标悬停时 span 标签的样式 */
　　　　background：url（../img/summ.png）no-repeat 0px -36px；　　　/* 背
景图像为 summ.png、图像不重复、图像定位为上 0px、左 -36px*/
　　}

.header .nav .main_nav .schools：hover span｛ /* 设置顶部中间 main_nav 区域中 class 名为 schools 区域鼠标悬停时 span 标签的样式 */

　　background： url（../img/deps.png） no-repeat 0px -36px； /* 背景图像为 deps.png、图像不重复、图像定位为上 0px、左 -36px*/

　　｝

.header .nav .main_nav .service：hover span｛ /* 设置顶部中间 main_nav 区域中 class 名为 service 区域鼠标悬停时 span 标签的样式 */

　　background： url（../img/service.png） no-repeat 0px -36px； /* 背景图像为 service.png、图像不重复、图像定位为上 0px、左 -36px*/

　　｝

/* 设置页头右侧小导航栏样式 */

.header .nav .else_nav｛ /* 设置顶部右侧 else_nav 区域样式 */

　　float： left； /* 向左浮动 */

　　background：#ffe1c1； /* 背景颜色为淡黄色 */

　　width：299px； /* 宽度为 299px*/

　　height：36px； /* 高度为 36px*/

　　line-height：36px； /* 行高为 299px*/

　　text-align： center； /* 文本水平居中对齐 */

　　font-size：12px； /* 字体大小为 12px*/

　　｝

.header .nav .else_nav a｛ /* 设置顶部右侧 else_nav 区域中 a 标签样式 */

　　color：#593939； /* 字体颜色为暗黄色 */

　　margin：5px； /* 外边距为 5px*/

　　｝

.header .nav .else_nav a：hover｛ /* 设置顶部右侧 else_nav 区域中 a 标

签鼠标悬停时的样式 */

    text-decoration：underline；   /* 链接文本修饰下划线 */

  }

JavaScript 代码如下：

window.onload = function（）{

    var main = document.getElementById（"main_nav"）； //查找 id 名为 main_nav 的节点

    var allDiv = main.getElementsByClassName（"sty"）； // 查找 main 节点中 class 名为 sty 的所有节点

    for（var i = 0；i < allDiv.length；i++）{//遍历所有的 allDiv

      var div = allDiv[i]；

      div.onmouseover = function（）{// 鼠标指针悬停时的设置

        var subDiv = this.getElementsByTagName（"div"）； //查找当前 div 下的 div 标签

        subDiv[0].style.display =“block”； // 二级菜单设置为显示状态

      }

      div.onmouseout = function（）{// 鼠标指针离开时的设置

        var subDiv = this.getElementsByTagName（"div"）； //查找当前 div 下的 div 标签

        subDiv[0].style.display = "none"； //二级菜单设置为不显示

      }

    }

  }

4.页面主体区域样式制作

页面主体放置在 class 名为 content 的 div 容器中，主要用来显示新闻列表、教学导航、和增加栏目等。该容器中的图像为轮播图，显示在浏览器一屏中。主体内容放置在 class 名为 main_content 的 div 容器中，又细分为三个区域，其中左侧区域为选项卡，鼠标选择栏目后弹出相应的内容。侧边栏目放置在 class 名为 aside 的 div 容器中，主要显示临时增加的栏目，以图像为超链接，如图 9-7 所示。

图 9-7 页面主题区域的布局效果及左侧区域选项卡效果

CSS 代码如下：

```
/* 设置主体区域样式 */
.content {  /* 设置主体区域 class 名为 content 的样式 */
    width：100%；        /* 宽度为 100%*/
    height：100%；       /* 高度为 100%*/
    overflow：hidden；      /* 溢出隐藏 */
    position：relative；      /* 相对定位 */
}
.content .main_content {  /* 设置主体区域 class 名为 main_content 的样式 */
    width：950px；       /* 宽度为 950px*/
    height：250px；      /* 高度为 250px*/
    position：absolute；      /* 绝对定位 */
    margin-left：50%；        /* 左外边距为 50%*/
```

left： -600px；   /* 绝对定位位置：距浏览器左边栏 -600px，与 margin-left 一起使该区域居中 */

bottom： 100px；   /* 绝对定位位置：距浏览器底部 100px */

}

/* 设置左边区域样式 */

.content .main_content .content_left，.content .main_content .train{ /* 设置主体区域中 class 名为 content_left 和 train 的样式 */

height：230px；   /* 高度为 230px*/

border： 1px solid #CD7F33；   /* 边框宽度 1px、实线、颜色为郁金色 */

background-color：#533335；   /* 背景颜色为赤褐色 */

box-sizing： border-box；   /* 为盒子设定的宽度和高度决定盒子的边框宽高 */

box-shadow： 0 0 3px #9C661F；   /* 盒子阴影为水平位置为 0、垂直位置为 0、模糊距离为 3px、颜色为深褐色 */

float： left；   /* 向左浮动 */

}

.content .main_content .content_left{ /* 设置主体区域中 class 名为 content_left 的样式 */

width：398px；   /* 宽度为 398px*/

}

.content .main_content .content_left .tab_top { /* 设置主体区域中 class 名为 content_left 的上半部 class 名为 tab_top 样式 */

height：40px；   /* 高度为 40px*/

font-weight： bold；   /* 字体加粗 */

```
        color：#C5BBA4；      /* 字体颜色为淡褐色 */
    }
    .content .main_content .content_left .tab_top li {  /* 设置主体区域中 class
名为 tab_top 中的 li 标签样式 */
        float：left；       /* 向左浮动 */
        width：132px；      /* 宽度为 132px*/
        height：40px；      /* 高度为 40px*/
        line-height：40px；      /* 行高为 40px*/
        border：1px solid #CD7F33；      /* 边框宽度 1px、实线、颜色为
郁金色 */
        text-align：center；      /* 文本水平居中对齐 */
        background：#202020；      /* 背景颜色为黑色 */
        box-sizing：border-box；      /* 为盒子设定的宽度和高度决定盒子
的边框宽高 */
        font-size：18px；      /* 字体大小为 18px*/
    }


    .content .main_content .content_left .tab_top .checked {  /* 设置主体区域
中 class 名为 tab_top 中的 class 名为 checked 的样式 */
        background：#533335；      /* 背景颜色为深褐色 */
        border：none；      /* 无边框 */
        color：#fff；      /* 字体颜色为白色 */
    }
    .content .main_content .content_left .tab_bottom {  /* 设置主体区域中
class 名为 content_left 的下半部 class 名为 tab_bottom 样式 */
        height：180px；      /* 高度为 180px*/
```

　　　　padding：10px；　　　/* 内边距为 10px*/

　　　　box-sizing：border-box；　　　/* 为盒子设定的宽度和高度决定盒子的边框宽高 */

　　}

　　.content .main_content .content_left .tab_bottom .dom {　/* 设置主体区域中 class 名为 tab_bottom 中的 class 名为 dom 的样式 */

　　　　display：none；　　　/* 不显示 */

　　}

　　.content .main_content .content_left .tab_bottom .dom li {　/* 设置主体区域中 class 名为 dom 中的 li 标签的样式 */

　　　　border-bottom：1px dashed #ccc；　　　/* 下边框宽度 1px、点线、颜色为淡灰色 */

　　}

　　.content .main_content .content_left .tab_bottom .dom a {　/* 设置主体区域中 class 名为 dom 中的 a 标签的样式 */

　　　　line-height：40px；　　　/* 行高为 40px*/

　　　　text-overflow：ellipsis；　　　/* 文字溢出的话用省略符号来代表被修剪的文本 */

　　　　white-space：nowrap；　　　/* 文本不换行 */

　　　　overflow：hidden；　　　/* 溢出隐藏 */

　　　　font-size：13px；　　　/* 字体大小为 13px*/

　　}

　　/* 设置中间和右边区域样式 */

　　.content .main_content .train{　/* 设置主体区域中 class 名为 train 的样式 */

　　　　width：250px；　　　/* 宽度为 250px*/

```
        margin-left：20px;        /* 左外边距为 20px*/
    }
    .content .main_content .train .train_top {    /* 设置主体区域中 class 名为
train_top 的样式 */
        color：#C5BBA4;        /* 字体颜色为淡褐色 */
        height：20px;        /* 高度为 20px*/
        font-size：18px;        /* 字体大小为 18px*/
        font-weight：bold;        /* 字体加粗 */
        background-color：#000;        /* 背景颜色为黑色 */
        padding：10px 15px;        /* 内边距上下为 10px，左右为 15px*/
    }
    .content .main_content .train .train_nav {    /* 设置主体区域中 class 名为
train_nav 的样式 */
        line-height：40px;        /* 行高为 40px*/
    }
    .content .main_content .train .train_nav a {    /* 设置主体区域中 class 名为
train_nav 中的 a 标签的样式 */
        padding：0 20px;        /* 内边距上下为 0px、左右为 20px*/
        font-size：16px;        /* 字体大小为 16px*/
        color：#ccc;        /* 字体颜色为淡灰色 */
    }
    .content .main_content .train .train_nav a：hover{    /* 设置主体区域中
class 名为 train_nav 中的 a 标签鼠标悬停时的样式 */
        color：#fff;        /* 字体颜色为白色 */
    }
    .content .main_content .train .train_content {    /* 设置主体区域中 class 名
```

为 train_content 的样式 */

  padding：10px; /* 内边距为 10px*/

 }

  .content .main_content .train img { /* 设置主体区域中 class 名为 train 中的 img 标签样式 */

  width：100px; /* 宽度为 100px*/

  margin-right：10px; /* 右外边距为 10px*/

  float：left; /* 向左浮动 */

 }

  .content .aside { /* 设置主体区域中侧边栏 class 名为 aside 的样式 */

  width：150px; /* 宽度为 150px*/

  position：absolute; /* 绝对定位 */

  right：10px; /* 绝对定位位置：距浏览器右边栏 10px*/

  bottom：100px; /* 绝对定位位置：距浏览器底部 100px*/

 }

  .content .aside img { /* 设置主体区域中侧边栏 class 名为 aside 中 img 标签样式 */

  width：140px; /* 宽度为 140px*/

  padding：5px; /* 内边距为 5px*/

 }

JavaScript 代码如下：

window.onload = function（）{

  var w =（window.innerWidth || document.documentElement.clientWidth || document.body.clientWidth）; // 获取浏览器可视区域宽度

```
var h = （window.innerHeight || document.documentElement.
clientHeight || document.body.clientHeight）* 0.99；   //获取浏览器
可视区域高度乘以 0.99
    var content = document.getElementById（"content"）；   //查找
id 名为 content 的节点
    var img = content.getElementsByTagName（"img"）；   //查找
content 节点中的 img 标签
    img[0].setAttribute（"width"，w）；   //设置列表项为第 0 个
img 的宽度属性值为 w
    img[0].setAttribute（"height"，h）；   //设置列表项为第 0 个
img 的高度属性为 h
    var loop = 0；
    setInterval（function（）{ //设置定时器
    loop += 1；
     loop %= 4；
     img[0].src = "img/bg" + loop + ".jpg"；   //设置图片轮播
    }，5000）
    var ul = document.getElementById（"tab_top"）；   //查找 id 名
为 tab_top 的节点
    var div = document.getElementById（"tab_bottom"）；   /查找 id
名为 tab_bottom 的节点
    var list = ul.getElementsByTagName（"li"）；   //查找 ul 节点中
的所有 li 标签
    var dom = div.getElementsByClassName（"dom"）；   //查找 div
节点中的所有 class 名为 dom 的节点
    for （var i = 0；i < list.length；i++）{   //for 循环，遍历 li 节
```

点

```
var sLi = list[i];
sLi.index = i;
sLi.onmouseover = function（）{ // 该 li 节点鼠标悬停时
  for（var j = 0；j < list.length；j++）{ // 遍历 li 节点
    list[j].className = "";          // 设置类名
    dom[j].style.display = "none";   // 设置不显示
  }
  this.className = "checked";   // 该节点类名为 checked
  dom[this.index].style.display = "block";   // 该节点对应的 dom
节点显示为块级元素
  }
 }
}
```

5. 页面底部区域样式制作

页面底部区域内容放置在 class 名为 footer 的 div 容器中，用来显示版权信息及其他信息，如图 9-8 所示。

图 9-8 页面底部区域的布局效果

CSS 代码如下：

```
/* 设置底部区域样式 */
.footer { /* 设置底部区域 class 名为 footer 的样式 */
  width：100%；      /* 宽度为 100%*/
  height：80px；      /* 高度为 80px*/
  position：fixed；       /* 固定定位 */
```

```
        bottom： 0；      /* 固定定位位置：距浏览器底部为 0px*/
```

```
        left： 0；      /* 固定定位位置：距浏览器左侧栏为 0px*/
```

```
        background-color： rgba（0，0，0，0.9）；      /* 背景颜色为透
明度为 0.9 的黑色 */
```

```
        z-index： 999；      /* 层叠参数为 999，置于最上层 */
```

```
        padding： 20px 0 0 30px；      /* 上内边距为 20px，右、下内边距
为 0px，左内边距为 30px*/
```

```
        color： #aaa；      /* 字体颜色为淡灰色 */
```

```
        box-sizing： border-box；      /* 为盒子设定的宽度和高度决定盒子
的边框宽高 */
```

```
        font-size： 12px；      /* 字体大小为 12px*/
```

```
    }
```

```
    .footer .left_footer {  /* 设置底部区域中 class 名为 left_footer 的样式 */
```

```
        height： 25px；      /* 高度为 25px*/
```

```
        width： 500px；      /* 宽度为 500px*/
```

```
        line-height： 25px；      /* 行高为 25px*/
```

```
        float： left；      /* 向左浮动 */
```

```
    }
```

```
    .footer .right_footer {    /* 设置底部区域中 class 名为 right_footer 的样式
*/
```

```
        float： right；      /* 向右浮动 */
```

```
        width： 380px；      /* 宽度为 380px*/
```

```
        padding： 5px；      /* 内边距为 5px*/
```

```
    }
```

```
    .footer .right_footer a {  /* 设置底部区域中 class 名为 right_footer 中 a
```

标签的样式 */

  color：#aaa；　　　/* 字体颜色为淡灰色 */

  font-size：12px；　　/* 字体大小为 12px*/

  padding：10px；　　　/* 内边距为 10px*/

 }

 .footer .right_footer a：hover {/* 设置底部区域中 class 名为 right_footer 中 a 标签鼠标悬停时的样式 */

  color：#fff；　　/* 字体颜色为白色 */

 }

  至此，乐学学堂首页制作完毕。读者可根据自己喜好，在此基础上修改相关 HTML 结构代码或 CSS 规则，进一步布局和美化页面。